Sumeet Gupta

IA e finanças: Explorando o futuro do investimento inteligente

Sumeet Gupta

IA e finanças: Explorando o futuro do investimento inteligente

Imprint

Any brand names and product names mentioned in this book are subject to trademark, brand or patent protection and are trademarks or registered trademarks of their respective holders. The use of brand names, product names, common names, trade names, product descriptions etc. even without a particular marking in this work is in no way to be construed to mean that such names may be regarded as unrestricted in respect of trademark and brand protection legislation and could thus be used by anyone.

Cover image: www.ingimage.com

This book is a translation from the original published under ISBN 978-620-7-65364-5.

Publisher:
Sciencia Scripts
is a trademark of
Dodo Books Indian Ocean Ltd. and OmniScriptum S.R.L publishing group

120 High Road, East Finchley, London, N2 9ED, United Kingdom
Str. Armeneasca 28/1, office 1, Chisinau MD-2012, Republic of Moldova, Europe
Printed at: see last page
ISBN: 978-620-7-75373-4

IA e finanças: Explorando o futuro do investimento inteligente

Por

Dr. Sumeet Gupta

UPES, Dehradun, Uttarakhand, Índia

PREFÁCIO

O mundo das finanças encontra-se no limiar de uma revolução. A inteligência artificial (IA) está a transformar rapidamente a forma como interagimos com os mercados financeiros, oferecendo oportunidades sem precedentes tanto para indivíduos como para instituições. Este livro, AI and Finance: Exploring the Future of Intelligent Investing", investiga esta nova e excitante fronteira, desmistificando o potencial da IA e o seu impacto no panorama financeiro. Este livro explora os conceitos fundamentais da negociação quantitativa e do desenvolvimento de algoritmos, revelando o poder matemático e computacional que impulsiona as estratégias financeiras baseadas na IA. Mas a IA nas finanças vai muito além dos algoritmos. O livro aprofunda as últimas tendências, desde chatbots alimentados por IA que personalizam a sua experiência bancária a ferramentas sofisticadas de gestão de risco que salvaguardam as instituições financeiras e as fronteiras emergentes da IA generativa e da IA explicável, avanços promissores que irão moldar ainda mais o futuro do investimento inteligente. O livro também discute o papel crucial da experiência humana na era da IA, enfatizando a importância da colaboração entre humanos e máquinas e aborda os desafios e considerações associados à integração da IA, incluindo privacidade de dados, viés algorítmico e estruturas regulatórias.

Dr. Sumeet Gupta

CONTEÚDO

CAPÍTULO 1

Introdução às Finanças e à Inteligência Artificial

Jyoti Kataria

Escola de Engenharia e Tecnologia

K. R. Mangalam University, Gurugram, Haryana, Índia

Sandeep Gupta

Departamento de Informática e Engenharia

HRIT, Ghaziabad, Uttar Pradesh, Índia

Introdução

As finanças são um campo multifacetado que engloba a gestão de dinheiro, investimentos e outros activos financeiros. Compreender os seus conceitos-chave é essencial para navegar nas complexidades do mundo financeiro. Na sua essência, as finanças giram em torno da gestão de fundos, activos e passivos para atingir objectivos específicos. Quer se trate de indivíduos, empresas ou governos, os princípios das finanças são universalmente aplicáveis. Vamos explorar alguns dos conceitos-chave que estão na base deste domínio:

Mercados financeiros: Os mercados financeiros funcionam como a espinha dorsal da economia global, facilitando a troca de activos financeiros, tais como acções, obrigações, moedas e mercadorias. Estes mercados fornecem liquidez, descoberta de preços e uma plataforma para os investidores comprarem e venderem títulos.

Investimentos: Os investimentos envolvem a afetação de recursos com a expetativa de gerar rendimentos ou retornos futuros. Os veículos de investimento comuns incluem acções, obrigações, fundos de investimento, bens imobiliários e activos alternativos, como mercadorias e criptomoedas. Os investidores avaliam vários factores, como o risco, o rendimento, a liquidez e a diversificação, quando tomam decisões de investimento.

Risco e rendibilidade: A relação entre risco e rendibilidade é um conceito fundamental em finanças. Geralmente, níveis mais elevados de risco estão associados a um potencial de rendibilidade mais elevado. Os investidores devem encontrar um equilíbrio entre o risco e a rendibilidade com base na sua tolerância ao risco, nos seus objectivos de investimento e no seu horizonte temporal.

Instituições financeiras: As instituições financeiras desempenham um papel crucial no funcionamento dos mercados financeiros, fazendo a intermediação entre aforradores e mutuários. Estas instituições incluem bancos, companhias de seguros, bancos de investimento, empresas de gestão de activos e cooperativas de crédito. Fornecem uma gama de produtos e serviços financeiros, incluindo empréstimos, seguros, gestão de investimentos e processamento de pagamentos.

Demonstrações financeiras: As demonstrações financeiras são ferramentas essenciais para avaliar a saúde financeira e o desempenho das empresas. As três principais demonstrações financeiras são o balanço, a demonstração de resultados e a demonstração de fluxos de caixa. Estas demonstrações fornecem informações valiosas sobre os activos, passivos, receitas, despesas e fluxos de caixa de uma empresa.

Valor temporal do dinheiro: O valor temporal do dinheiro é um conceito fundamental que afirma que um dólar hoje vale mais do que um dólar no futuro devido ao seu potencial de ganho. Este princípio constitui a base de vários cálculos financeiros, incluindo o valor atual, o valor futuro e o desconto de fluxos de caixa.

Orçamento de capital: A orçamentação de capital envolve a avaliação e seleção de projectos de investimento a longo prazo que se espera venham a gerar retornos superiores aos seus custos. Técnicas como o valor atual líquido (VAL), a taxa interna de rendibilidade (TIR) e o período de retorno do investimento são utilizadas para avaliar a viabilidade e a rendibilidade das oportunidades de investimento.

Gestão do risco financeiro: A gestão do risco financeiro visa identificar, avaliar e mitigar os riscos que podem afetar negativamente o desempenho financeiro de uma organização. Os tipos comuns de riscos financeiros incluem o risco de mercado, o risco de crédito, o risco de liquidez e o risco operacional. As estratégias de gestão do risco podem envolver cobertura, diversificação, seguros e planos de contingência.

Finanças empresariais: As finanças empresariais centram-se nas decisões e estratégias financeiras utilizadas pelas empresas para maximizar o valor dos accionistas. As principais áreas das finanças empresariais incluem a estrutura de capital, a política de dividendos, o orçamento de capital e a governação empresarial. O objetivo é afetar os recursos de forma eficiente e gerar um crescimento sustentável a longo prazo.

Regulamentação e conformidade: A regulamentação e a conformidade são aspectos críticos das finanças que têm como objetivo manter a integridade e a estabilidade dos mercados financeiros. Os organismos reguladores, como a Securities and Exchange Commission (SEC), a Federal Reserve e a Financial Conduct Authority (FCA), estabelecem regras e normas para proteger os investidores, promover a transparência e evitar actividades fraudulentas.

As finanças englobam uma vasta gama de conceitos e princípios que regem a gestão do dinheiro e dos activos financeiros. Quer se trate de compreender os mercados financeiros, tomar decisões de investimento, gerir o risco ou analisar demonstrações financeiras, uma sólida compreensão destes conceitos-chave é essencial para o sucesso no domínio das finanças.

Evolução da Inteligência Artificial no Sector Financeiro

O sector financeiro sofreu uma transformação notável ao longo das últimas décadas, em grande parte impulsionada pelos avanços tecnológicos. Um dos avanços tecnológicos mais significativos que influenciam o sector financeiro é a inteligência artificial (IA). A IA revolucionou a forma como as instituições financeiras operam, permitindo-lhes simplificar processos, melhorar as capacidades de tomada de decisões e oferecer serviços inovadores aos clientes. A evolução da IA no sector financeiro tem sido marcada por vários marcos importantes, cada um deles contribuindo para a sua adoção generalizada e integração em várias facetas das finanças.

Os primeiros dias: Sistemas baseados em regras e sistemas periciais

As raízes da IA no sector financeiro remontam à década de 1980, quando os sistemas baseados em regras e os sistemas especializados ganharam popularidade. Estes primeiros sistemas de IA foram utilizados principalmente para tarefas como a pontuação de crédito, a deteção de fraudes e a avaliação de riscos. Os sistemas baseados em regras baseavam-se num conjunto de regras e lógicas predefinidas para tomar decisões, enquanto os sistemas periciais imitavam os processos de tomada de decisão de peritos humanos em domínios específicos. Embora limitados nas suas capacidades em comparação com as modernas tecnologias de IA, estes primeiros sistemas lançaram as bases para aplicações de IA mais sofisticadas no sector financeiro.

A ascensão da aprendizagem automática e da análise de dados

O advento da aprendizagem automática na década de 1990 constituiu um marco significativo na evolução da IA no sector financeiro. Os algoritmos de aprendizagem automática, nomeadamente as redes neuronais e as árvores de decisão, permitiram às instituições financeiras analisar grandes volumes de dados e extrair informações valiosas. Isto abriu caminho a avanços em áreas como a pontuação de crédito, a gestão de carteiras e a negociação algorítmica. Ao tirar partido dos dados históricos, os algoritmos de aprendizagem automática podem identificar padrões e tendências que os humanos poderiam ignorar, conduzindo a previsões mais exactas e a melhores processos de tomada de decisões.

A revolução dos grandes volumes de dados e a análise preditiva

A proliferação de grandes volumes de dados no início do século XXI alimentou ainda mais a evolução da IA nas finanças. As instituições financeiras começaram a recolher e a analisar grandes quantidades de dados de várias fontes, incluindo registos de transacções, dados de mercado, redes sociais e feeds de notícias. Esta abundância de dados apresentou novas oportunidades e desafios para a aplicação de técnicas de IA nas finanças. A análise preditiva surgiu como uma ferramenta poderosa para prever tendências de mercado, identificar riscos potenciais e personalizar serviços financeiros para os clientes. Os modelos de aprendizagem automática, como a análise de regressão e os métodos de conjunto, tornaram-se fundamentais para a criação de modelos preditivos capazes de antecipar os movimentos do mercado e otimizar as estratégias de investimento.

O aparecimento de Robo-Advisors e a negociação automatizada

Em meados da década de 2010, o sector financeiro assistiu à ascensão dos robo-consultores e das plataformas de negociação automatizadas alimentadas por IA. Os robo-consultores utilizam algoritmos para fornecer conselhos de investimento personalizados e serviços de gestão de carteiras aos clientes, muitas vezes por uma fração do custo dos consultores financeiros tradicionais. Estas plataformas utilizam algoritmos de aprendizagem automática para avaliar a tolerância ao risco dos investidores, os seus objectivos financeiros e as condições de mercado, a fim de recomendar estratégias de investimento adequadas. Os sistemas de negociação automatizados, por outro lado, executam ordens de compra e venda nos mercados financeiros com base em critérios e regras de negociação pré-definidos. Os algoritmos de negociação de alta frequência (HFT), que se baseiam em técnicas de IA para a tomada de decisões e execução ultra-rápidas, tornaram-se predominantes nos mercados de acções, de divisas e de derivados.

A integração do processamento de linguagem natural e da análise de sentimentos

Nos últimos anos, o processamento de linguagem natural (PNL) e a análise de sentimentos ganharam força no sector financeiro, oferecendo novas vias para extrair informações de dados textuais. As técnicas de PNL permitem às instituições financeiras analisar artigos noticiosos, publicações nas redes sociais, relatórios de resultados e outras fontes de dados não estruturados para avaliar o sentimento do mercado e a análise de sentimentos. Os algoritmos de análise do sentimento podem classificar o texto como positivo, negativo ou neutro e avaliar o impacto do sentimento nos mercados financeiros. Ao incorporar a PNL e a análise de sentimentos nos seus processos de tomada de decisão, as instituições financeiras podem compreender melhor a dinâmica do mercado, identificar tendências emergentes e tomar decisões de investimento mais informadas.

O futuro da IA nas finanças: Oportunidades e desafios

Olhando para o futuro, o futuro da IA no sector financeiro é imensamente promissor, com oportunidades para mais inovação e perturbação. As tecnologias alimentadas por IA, como a aprendizagem automática, a aprendizagem profunda e a aprendizagem por reforço, continuarão a impulsionar os avanços em áreas como a gestão de riscos, a deteção de fraudes, o serviço ao cliente e a conformidade regulamentar. No entanto, a adoção generalizada da IA nas finanças também apresenta desafios relacionados com a privacidade dos dados, a segurança, a parcialidade e as considerações éticas. As instituições financeiras devem enfrentar esses desafios de forma responsável e ética para garantir que as tecnologias de IA beneficiem a sociedade como um todo, minimizando os riscos potenciais.

A evolução da inteligência artificial no sector financeiro tem-se caracterizado pela inovação contínua e pela adaptação à dinâmica do mercado em constante mudança. Desde sistemas baseados em regras e sistemas especializados até à aprendizagem automática, análise de grandes volumes de dados e muito mais, a IA transformou a forma como as instituições financeiras operam, permitindo-lhes tomar decisões mais rápidas e precisas e fornecer serviços personalizados aos clientes. À medida que a IA continua a evoluir, irá, sem dúvida, remodelar o futuro das finanças, desbloqueando novas oportunidades de crescimento, eficiência e sustentabilidade.

Inteligência artificial nas práticas financeiras modernas

No atual panorama financeiro em rápida evolução, a integração da inteligência artificial (IA) tornou-se cada vez mais essencial para instituições e indivíduos. A capacidade da IA para analisar grandes quantidades de dados, detetar padrões e fazer previsões com uma precisão sem precedentes revolucionou vários aspectos das práticas financeiras. Da gestão de investimentos à avaliação de riscos, a IA está a remodelar a forma como as finanças funcionam, oferecendo uma eficiência, precisão e inovação sem paralelo.

Uma das vantagens mais significativas da IA nas práticas financeiras modernas é a sua capacidade de processar e analisar imensos volumes de dados a velocidades muito superiores às capacidades humanas. Os mercados financeiros geram uma abundância de dados a cada segundo, incluindo preços de mercado, volumes de negociação, artigos noticiosos, sentimento nas redes sociais e indicadores económicos. Os métodos tradicionais de análise de dados têm dificuldade em lidar eficazmente com este dilúvio de informação. No entanto, os algoritmos alimentados por IA podem analisar vastos conjuntos de dados em tempo real, extraindo informações valiosas e identificando tendências de mercado que, de outra forma, poderiam passar despercebidas.

Além disso, a IA é excelente na deteção de padrões e correlações complexos nos dados financeiros, permitindo previsões mais exactas e tomadas de decisão informadas. Os algoritmos de aprendizagem automática podem identificar relações subtis entre variáveis aparentemente não relacionadas, revelando oportunidades ocultas e mitigando riscos. Por exemplo, na gestão de investimentos, os modelos preditivos baseados em IA podem prever os movimentos do mercado, otimizar a atribuição de carteiras e identificar oportunidades de investimento lucrativas com maior precisão do que os métodos tradicionais.

Além disso, os algoritmos de IA são hábeis na automatização de tarefas repetitivas e morosas, libertando recursos humanos para actividades mais estratégicas. Nas instituições financeiras, a automatização de processos robóticos (RPA) com recurso à IA simplifica as operações de back-office, como a introdução de dados, a reconciliação e a geração de relatórios, reduzindo os erros e melhorando a eficiência operacional. Ao automatizar as tarefas de rotina, as organizações podem afetar recursos de forma mais eficiente, reduzir os custos operacionais e acelerar os processos de tomada de decisões.

Outro aspeto crucial da IA nas práticas financeiras modernas é o seu papel na melhoria da gestão do risco e da conformidade regulamentar. As instituições financeiras estão sujeitas a requisitos regulamentares rigorosos que visam salvaguardar a integridade do mercado, proteger os investidores e garantir a estabilidade financeira. No entanto, o cumprimento destes regulamentos pode ser uma tarefa difícil, exigindo uma monitorização meticulosa das transacções, obrigações de comunicação e exposições ao risco. As tecnologias de IA, como o processamento de linguagem natural (PNL) e a aprendizagem automática, permitem às organizações automatizar os processos de conformidade, identificar actividades suspeitas e detetar potenciais violações de conformidade em tempo real.

Além disso, os sistemas de gestão de risco alimentados por IA podem avaliar a qualidade do crédito, detetar comportamentos fraudulentos e avaliar os riscos de mercado com maior precisão e rapidez. Ao tirar partido da análise avançada e das técnicas de modelação preditiva, as instituições financeiras podem antecipar e mitigar potenciais ameaças antes que estas se agravem, minimizando as perdas e preservando o capital. Além disso, os algoritmos de IA podem adaptar-se e aprender com experiências passadas, melhorando continuamente as suas capacidades de avaliação de riscos e mantendo-se à frente de ameaças e vulnerabilidades emergentes.

Além disso, a IA está a revolucionar o serviço ao cliente e os serviços de consultoria financeira personalizados, melhorando a experiência geral do cliente. Os chatbots alimentados por processamento de linguagem natural (PNL) fornecem suporte e assistência instantânea aos clientes, respondendo a perguntas, resolvendo problemas e orientando os utilizadores através de vários processos financeiros. Os consultores financeiros virtuais aproveitam os algoritmos de IA para analisar os dados dos clientes, avaliar os objectivos financeiros e fornecer recomendações personalizadas adaptadas às necessidades e preferências individuais. Ao tirar partido das tecnologias de IA, as instituições financeiras podem prestar serviços mais proactivos, reactivos e personalizados, reforçando as relações com os clientes e promovendo a lealdade.

Para além dos seus benefícios operacionais e estratégicos, a IA também tem o potencial de democratizar o acesso aos serviços financeiros e promover a inclusão financeira. As instituições financeiras tradicionais enfrentam frequentemente barreiras para chegar a comunidades mal servidas e marginalizadas devido a factores como limitações geográficas, falta de infra-estruturas e elevados custos operacionais. No entanto, as soluções fintech orientadas para a IA oferecem alternativas escaláveis e económicas, permitindo que indivíduos e empresas acedam a serviços financeiros essenciais, como empréstimos, pagamentos e seguros, através de plataformas digitais e dispositivos móveis.

Além disso, os modelos de pontuação de crédito alimentados por IA podem avaliar a solvabilidade com base em fontes de dados alternativas, como a utilização de telemóveis, a atividade nas redes sociais e o histórico de transacções, permitindo que os credores concedam crédito a indivíduos com um historial de crédito limitado ou inexistente. Ao tirar partido das tecnologias de IA, as empresas fintech e as instituições de microfinanciamento podem expandir a inclusão financeira, capacitar as populações carenciadas e promover o desenvolvimento económico e a equidade social.

Apesar do seu potencial transformador, a adoção generalizada da IA nas práticas financeiras também suscita preocupações éticas, regulamentares e sociais. Questões como a privacidade dos dados, o enviesamento algorítmico e os riscos sistémicos exigem uma análise e supervisão cuidadosas para garantir uma implementação responsável e equitativa das tecnologias de IA. Além disso, as preocupações relativas à deslocação de postos de trabalho, às ameaças à cibersegurança e à concentração de poder entre os gigantes da tecnologia sublinham a necessidade de quadros regulamentares abrangentes e de orientações éticas para reger a utilização da IA nas finanças.

A integração da inteligência artificial (IA) tornou-se indispensável para as práticas financeiras modernas, revolucionando a forma como as instituições gerem os investimentos, avaliam os riscos e servem os clientes. A capacidade da IA para processar grandes quantidades de dados, detetar padrões e fazer previsões com uma precisão sem paralelo oferece vantagens significativas em termos de eficiência, precisão e inovação. Ao tirar partido das tecnologias de IA, as instituições financeiras podem automatizar tarefas de rotina, melhorar a gestão do risco, personalizar as experiências dos clientes e promover a inclusão financeira. No entanto, a implementação responsável da IA requer uma consideração cuidadosa das implicações éticas, regulamentares e sociais para garantir que os seus benefícios são realizados de forma equitativa e sustentável no sector financeiro e não só.

O poder da IA nas práticas financeiras modernas

No atual panorama financeiro de ritmo acelerado, a integração da inteligência artificial (IA) revolucionou as práticas tradicionais, oferecendo uma miríade de vantagens que impulsionam a eficiência, a precisão e a inovação. Desde a análise preditiva à negociação algorítmica, as tecnologias de IA remodelaram a forma como as instituições financeiras operam, fornecendo informações e oportunidades sem precedentes.

Uma das principais vantagens da IA nas práticas financeiras modernas reside na sua capacidade de analisar grandes quantidades de dados com uma velocidade e precisão inigualáveis. A análise financeira tradicional debate-se frequentemente com o manuseamento de conjuntos de dados maciços, o que leva a atrasos e ineficiências. No entanto, os algoritmos alimentados por IA são excelentes no processamento de grandes volumes de dados estruturados e não estruturados, extraindo informações valiosas em tempo real. Os algoritmos de aprendizagem automática, por exemplo, podem analisar dados históricos do mercado, identificar padrões e prever tendências futuras do mercado com uma precisão notável. Isto permite que os profissionais financeiros tomem rapidamente decisões baseadas em dados, ganhando uma vantagem competitiva no mercado.

Além disso, a IA melhora as estratégias de gestão do risco, detectando anomalias e mitigando potenciais ameaças nas operações financeiras. Com a fraude e as ciberameaças a tornarem-se cada vez mais sofisticadas, os sistemas tradicionais baseados em regras têm dificuldade em acompanhar a evolução dos riscos. Os algoritmos de IA, por outro lado, empregam técnicas avançadas de deteção de anomalias, sinalizando actividades suspeitas e padrões irregulares que podem indicar um comportamento fraudulento. Ao aprenderem continuamente com novos dados e ao adaptarem-se às ameaças emergentes, os sistemas de gestão de riscos baseados em IA reforçam as medidas de segurança, salvaguardando os activos e mantendo a confiança nas instituições financeiras.

Outra vantagem significativa da IA nas práticas financeiras modernas é o seu papel na melhoria da experiência e personalização do cliente. Os consumidores de hoje esperam serviços financeiros personalizados que atendam às suas necessidades e preferências exclusivas. As tecnologias de IA permitem que as instituições financeiras forneçam recomendações personalizadas, insights e suporte aos clientes, promovendo relacionamentos e lealdade mais fortes. Os chatbots alimentados por processamento de linguagem natural (PNL) fornecem apoio imediato ao cliente, respondendo a questões e resolvendo problemas em tempo real. Além disso, os mecanismos de recomendação orientados por IA analisam o comportamento do cliente e o histórico de transacções para oferecer produtos financeiros personalizados e oportunidades de investimento, maximizando a satisfação e o envolvimento.

Além disso, os algoritmos de IA optimizam as estratégias de negociação e a gestão de carteiras, maximizando os rendimentos e minimizando os riscos para os investidores. A negociação algorítmica, facilitada por algoritmos de negociação alimentados por IA, executa transacções à velocidade da luz com base em critérios predefinidos e condições de mercado. Estes algoritmos podem analisar os dados do mercado, o sentimento em relação às notícias e os indicadores macroeconómicos em milissegundos, identificando oportunidades lucrativas e executando as transacções com precisão. Além disso, as plataformas de gestão de carteiras baseadas em IA utilizam modelos de aprendizagem automática para otimizar a afetação de activos, reequilibrar as carteiras e gerir o risco de forma dinâmica. Ao aproveitar o poder da IA, os investidores podem alcançar uma melhor diversificação, retornos mais elevados e um desempenho mais suave, impulsionando o sucesso nos mercados financeiros.

Além disso, a IA simplifica as operações de back-office e automatiza as tarefas de rotina, reduzindo os custos e melhorando a eficiência operacional das instituições financeiras. Tradicionalmente, os processos manuais, como a introdução de dados, a reconciliação e a conformidade regulamentar, consomem muito tempo e recursos. As soluções de automatização baseadas em IA automatizam estas tarefas, eliminando erros, reduzindo o tempo de processamento e libertando recursos humanos para iniciativas mais estratégicas. Os bots de automação de processos robóticos (RPA), por exemplo, podem lidar com tarefas repetitivas como a manutenção de contas, o processamento de transacções e a geração de relatórios com o mínimo de intervenção humana. Isto não só acelera os processos, como também melhora a precisão e a conformidade, resultando em poupanças substanciais de custos e excelência operacional.

Além disso, a IA aumenta os processos de tomada de decisões financeiras, fornecendo análises e conhecimentos sofisticados que permitem aos profissionais fazer escolhas informadas. Os modelos de análise preditiva prevêem as tendências do mercado, identificam oportunidades de investimento e avaliam os riscos, permitindo aos comerciantes e gestores de carteiras conceber estratégias com maiores probabilidades de sucesso. Os algoritmos de análise de sentimento monitorizam as redes sociais, os artigos noticiosos e os indicadores de sentimento do mercado, avaliando o sentimento dos investidores e antecipando os movimentos do mercado. Além disso, as ferramentas de modelação financeira baseadas em IA simulam vários cenários e resultados, permitindo que as partes interessadas avaliem o potencial impacto de diferentes decisões e estratégias antes da sua implementação.

As vantagens da IA nas práticas financeiras modernas são vastas e multifacetadas, transformando o sector de forma profunda. Desde a análise de dados e gestão de riscos até à experiência do cliente e eficiência operacional, as tecnologias de IA revolucionam todos os aspectos das operações financeiras. Ao aproveitar o poder da IA, as instituições financeiras podem obter uma vantagem competitiva, impulsionar a inovação e fornecer um valor superior aos clientes e às partes interessadas.

À medida que a IA continua a evoluir e a amadurecer, o seu impacto no sector financeiro só irá aprofundar-se, dando início a uma nova era de finanças inteligentes.

CAPÍTULO 2

Técnicas financeiras tradicionais vs. estratégias baseadas em IA

Jyoti Kataria

Escola de Engenharia e Tecnologia

K. R. Mangalam University, Gurugram, Haryana, Índia

Deepak Singh

Departamento de Engenharia e Tecnologia

ABES(IT), Ghaziabad, Uttar Pradesh, Índia

Introdução

No domínio das finanças, as abordagens tradicionais de investimento são, desde há muito, a pedra angular das estratégias de gestão de património e de afetação de carteiras. Estas abordagens, baseadas na análise fundamental, na análise técnica e no sentimento do mercado, têm orientado os investidores durante décadas. No entanto, à medida que o panorama financeiro evolui e se torna cada vez mais complexo, é crucial examinar as limitações inerentes a estas metodologias tradicionais.

As limitações das abordagens tradicionais de investimento

Falta de adaptabilidade: As abordagens tradicionais de investimento baseiam-se frequentemente em modelos estáticos e dados históricos para tomar decisões de investimento. Embora estes métodos possam ter sido eficazes no passado, muitas vezes não se adaptam às condições de mercado em mudança e às tendências emergentes. Esta falta de adaptabilidade pode resultar na perda de oportunidades e num desempenho subóptimo da carteira.

Tomada de decisões com base em emoções: Uma das limitações mais significativas das abordagens de investimento tradicionais é a sua suscetibilidade a preconceitos emocionais. As emoções humanas, como o medo, a ganância e o excesso de confiança, podem toldar o discernimento e conduzir a decisões de investimento irracionais. Este enviesamento emocional pode manifestar-se de várias formas, como a manutenção de posições perdedoras por esperança ou a venda prematura de posições vencedoras por medo.

Âmbito de análise limitado: As abordagens tradicionais de investimento centram-se normalmente num conjunto limitado de factores, tais como os fundamentos da empresa, os indicadores técnicos e as tendências macroeconómicas. Embora estes factores sejam, sem dúvida, essenciais, podem ignorar outras variáveis críticas que podem ter impacto nos resultados do investimento. Por exemplo, as abordagens tradicionais podem não ter em conta os factores ambientais, sociais e de governação (ESG), que são cada vez mais relevantes no atual panorama de investimento.

Processamento ineficiente de informações: Com o crescimento exponencial de dados e informações na era digital, as abordagens tradicionais de investimento podem ter dificuldade em processar e analisar eficientemente grandes quantidades de informações. A recolha e análise manual de dados pode ser morosa e propensa a erros, conduzindo a atrasos na tomada de decisões e à perda de oportunidades.

Incapacidade de captar padrões complexos: As abordagens tradicionais de investimento baseiam-se frequentemente em modelos simplistas e heurísticos para captar padrões e tendências do mercado. No entanto, os mercados financeiros são inerentemente complexos e dinâmicos, exibindo um comportamento não linear e interdependências que os modelos tradicionais podem não conseguir captar. Como resultado, as abordagens tradicionais podem ignorar informações e oportunidades valiosas escondidas nos dados.

Embora as abordagens tradicionais de investimento tenham servido de base à gestão de investimentos durante gerações, as suas limitações estão a tornar-se cada vez mais evidentes no atual panorama financeiro em rápida evolução. Desde a sua falta de adaptabilidade e suscetibilidade a preconceitos emocionais até ao seu âmbito limitado de análise e ineficiência no processamento de informações, as abordagens tradicionais enfrentam inúmeros desafios para satisfazer as exigências dos investidores modernos. À medida que avançamos, é essencial que os investidores e os profissionais financeiros reconheçam estas limitações e adoptem abordagens inovadoras que aproveitem as tecnologias avançadas, como a inteligência artificial e a aprendizagem automática, para melhorar a tomada de decisões e obter resultados de investimento superiores. Ao adotar a inovação e manter-se à frente da curva, os investidores podem navegar pelas complexidades dos mercados actuais e alcançar um sucesso sustentável a longo prazo.

IA nas finanças: Aprendizagem automática e análise de dados

A Inteligência Artificial (IA) revolucionou o panorama das finanças, particularmente através da sua integração com a aprendizagem automática (ML) e técnicas de análise de dados. Nesta era de transformação digital, as instituições financeiras estão a tirar cada vez mais partido das ferramentas baseadas em IA para melhorar os processos de tomada de decisões, melhorar a gestão de riscos e impulsionar a inovação em vários sectores da indústria.

A aprendizagem automática, um subconjunto da IA, desempenha um papel fundamental na reformulação das práticas financeiras tradicionais, permitindo que os computadores aprendam com os dados sem programação explícita. Através de algoritmos de ML, as organizações financeiras podem analisar grandes quantidades de dados estruturados e não estruturados para extrair informações valiosas, prever tendências de mercado e otimizar estratégias de investimento.

Uma das principais aplicações da aprendizagem automática no sector financeiro é a previsão financeira. Os algoritmos de aprendizagem automática podem analisar dados históricos do mercado, indicadores económicos e outros factores relevantes para prever preços de acções, taxas de câmbio e preços de mercadorias com um elevado grau de precisão. Ao identificar padrões e correlações em dados históricos, os modelos de aprendizagem automática podem gerar modelos de previsão que ajudam os investidores a tomar decisões informadas e a minimizar os riscos de investimento.

Além disso, a aprendizagem automática facilita a gestão do risco nas finanças, identificando potenciais riscos e vulnerabilidades nos sistemas financeiros. Os algoritmos de aprendizagem automática podem analisar dados transaccionais, detetar padrões anómalos e prever actividades fraudulentas em tempo real, permitindo assim que as instituições financeiras atenuem os riscos e previnam eficazmente as actividades fraudulentas.

A negociação algorítmica é outra área em que os algoritmos de aprendizagem automática são amplamente utilizados nas finanças. Ao utilizar modelos de aprendizagem automática, os operadores podem desenvolver estratégias de negociação sofisticadas que automatizam o processo de compra e venda de instrumentos financeiros com base em critérios predefinidos. A negociação de alta frequência, um subconjunto da negociação algorítmica, baseia-se em algoritmos de aprendizagem automática para executar transacções a uma velocidade extremamente rápida, capitalizando assim oportunidades de mercado fugazes e maximizando as margens de lucro.

Além disso, a aprendizagem automática contribui para a gestão de carteiras e a afetação de activos em finanças. Os algoritmos de aprendizagem automática podem analisar dados históricos de desempenho, tendências de mercado e preferências dos investidores para otimizar a afetação de carteiras e melhorar os retornos do investimento. Ao ajustar dinamicamente as carteiras de investimento com base na alteração das condições de mercado e dos perfis de risco, as ferramentas de gestão de carteiras baseadas em aprendizagem automática permitem aos investidores obter uma melhor diversificação e rendimentos ajustados ao risco.

Para além da aprendizagem automática, a análise de dados desempenha um papel crucial no aproveitamento da IA nas finanças. A análise de dados envolve o processo de inspeção, limpeza, transformação e modelação de dados para descobrir informações significativas e apoiar os processos de tomada de decisões. Com a proliferação de grandes volumes de dados no sector financeiro, as técnicas de análise de dados tornaram-se indispensáveis para extrair informações úteis de conjuntos de dados grandes e complexos.

As instituições financeiras utilizam a análise de dados para obter uma compreensão mais profunda do comportamento dos clientes, da dinâmica do mercado e das tendências do sector. Ao analisar os dados transaccionais dos clientes, a informação demográfica e os padrões de interação, os bancos e as empresas financeiras podem personalizar os seus produtos e serviços, melhorar o envolvimento dos clientes e aumentar a sua satisfação. A análise de dados também permite que as instituições financeiras identifiquem oportunidades de vendas cruzadas, reduzam a rotatividade de clientes e optimizem as estratégias de marketing para uma melhor orientação e segmentação.

Além disso, a análise de dados desempenha um papel vital na avaliação do risco de crédito e nos processos de subscrição de empréstimos. Ao analisar os dados do mutuário, as pontuações de crédito e os indicadores financeiros, os mutuantes podem avaliar a solvabilidade dos indivíduos e das empresas, determinar as condições de empréstimo adequadas e reduzir o risco de incumprimento. As técnicas de análise de dados, como os modelos de pontuação de crédito e a análise preditiva, ajudam os mutuantes a tomar decisões baseadas em dados e a simplificar o processo de aprovação de empréstimos.

Além disso, a análise de dados facilita a conformidade regulamentar e a gestão de riscos no sector financeiro. As instituições financeiras estão sujeitas a requisitos regulamentares rigorosos e a normas de conformidade impostas pelas autoridades reguladoras. Através da análise de dados transaccionais, da monitorização de transacções financeiras e da deteção de actividades suspeitas, os bancos e as empresas financeiras podem garantir a conformidade com os mandatos regulamentares, tais como os regulamentos de combate ao branqueamento de capitais (AML) e de conhecimento do cliente (KYC). A análise de dados também permite às organizações identificar riscos emergentes, avaliar o seu potencial impacto e implementar estratégias proactivas de mitigação de riscos.

A integração da aprendizagem automática e da análise de dados transformou o panorama financeiro, permitindo que as instituições financeiras aproveitem o poder da IA para impulsionar a inovação, melhorar os processos de tomada de decisões e aumentar a eficiência operacional. Ao tirar partido dos algoritmos de ML e das técnicas de análise de dados, as organizações financeiras podem obter informações valiosas a partir dos dados, otimizar as estratégias de investimento, gerir os riscos de forma eficaz e proporcionar experiências personalizadas aos clientes. À medida que a IA continua a evoluir, o seu impacto nas finanças está pronto a crescer, dando início a uma nova era de investimento inteligente e gestão financeira.

Estudos de caso sobre estratégias de investimento bem sucedidas baseadas em IA

No cenário em constante evolução das finanças, a integração da inteligência artificial (IA) revolucionou as estratégias de investimento, oferecendo insights incomparáveis e eficiência nos processos de tomada de decisão. Através da análise de vastos conjuntos de dados e da aplicação de algoritmos sofisticados, as estratégias de investimento orientadas para a IA permitiram aos investidores descobrir padrões ocultos, mitigar riscos e capitalizar oportunidades lucrativas.

Estudo de caso 1: Renaissance Technologies - Fundo de cobertura quantitativa

A Renaissance Technologies, fundada pelo matemático e antigo decifrador de códigos James Simons, é um testemunho do poder transformador da IA na gestão de investimentos. Utilizando modelos matemáticos complexos e algoritmos de IA, o emblemático Medallion Fund da Renaissance tem superado consistentemente os fundos de cobertura tradicionais, apresentando retornos anuais médios superiores a 30% desde a sua criação no final da década de 1980.

No centro do sucesso da Renaissance está a sua capacidade de analisar grandes quantidades de dados financeiros com uma velocidade e precisão sem precedentes. Ao empregar técnicas de aprendizagem automática para identificar padrões e anomalias no comportamento do mercado, o

Medallion Fund pode executar transacções de alta frequência com precisão, capitalizando oportunidades fugazes em mercados voláteis.

Estudo de caso 2: Bridgewater Associates - Investimento macro orientado para a IA

A Bridgewater Associates, o maior fundo de cobertura do mundo, adoptou estratégias baseadas em IA para navegar em cenários macroeconómicos complexos e capitalizar as tendências do mercado global. Liderada pelo fundador Ray Dalio, a abordagem de investimento da Bridgewater gira em torno da análise sistemática de indicadores económicos e desenvolvimentos geopolíticos para informar as suas decisões de negociação.

Através do desenvolvimento de algoritmos de IA próprios, a estratégia Pure Alpha da Bridgewater utiliza a análise preditiva para antecipar mudanças no sentimento do mercado e nos preços dos activos. Ao aperfeiçoar continuamente os seus modelos com base no feedback de dados em tempo real, a Bridgewater obteve retornos consistentes e minimizou os riscos de queda em condições de mercado turbulentas.

Estudo de caso 3: BlackRock - Gestão de activos com base em IA

A BlackRock, a maior gestora de activos do mundo, integrou tecnologias de IA nos seus processos de investimento para melhorar a gestão de carteiras e a otimização de riscos. Através da sua plataforma Aladdin, a BlackRock emprega algoritmos de aprendizagem automática para analisar vastos conjuntos de dados que abrangem tendências de mercado, indicadores económicos e fundamentos de empresas.

Ao tirar partido das informações baseadas em IA, as equipas de investimento da BlackRock podem identificar activos subvalorizados, otimizar as alocações de carteiras e gerir a exposição ao risco de forma mais eficaz. A escalabilidade e a adaptabilidade das soluções baseadas em IA permitiram à BlackRock oferecer retornos ajustados ao risco superiores aos seus clientes em diversas classes de activos e estratégias de investimento.

Estudo de caso 4: Two Sigma - Negociação quantitativa baseada em dados

A Two Sigma, uma empresa líder em investimentos quantitativos, aproveita o poder da IA e da ciência de dados para orientar as suas estratégias de negociação e decisões de investimento. Ao ingerir grandes quantidades de dados estruturados e não estruturados de diversas fontes, incluindo mercados financeiros, redes sociais e fornecedores de dados alternativos, os modelos de IA proprietários da Two Sigma podem identificar sinais preditivos e explorar as ineficiências do mercado.

Através da aplicação de algoritmos de aprendizagem automática e de técnicas de arbitragem estatística, as estratégias de negociação quantitativas da Two Sigma procuram gerar alfa, gerindo simultaneamente o risco de forma eficaz. Ao aperfeiçoar continuamente os seus modelos e ao adaptar-se às condições de mercado em mudança, a Two Sigma alcançou um desempenho consistente e um sucesso a longo prazo num cenário cada vez mais competitivo.

Estudo de caso 5: Vanguard - Investimento passivo baseado em IA

A Vanguard, conhecida pelas suas ofertas de fundos de índice e soluções de investimento de baixo custo, adoptou tecnologias de IA para melhorar as suas estratégias de investimento passivo. Através do seu Quantitative Equity Group, a Vanguard utiliza algoritmos de aprendizagem automática para otimizar o acompanhamento do índice, minimizar o erro de acompanhamento e melhorar a eficiência da carteira.

Ao analisar vastos conjuntos de dados históricos do mercado e os fundamentos da empresa, os modelos de IA da Vanguard podem identificar factores que contribuem para o desempenho das acções e ajustar as ponderações da carteira em conformidade. Através da integração de conhecimentos orientados para a IA, a Vanguard tem como objetivo fornecer soluções de investimento rentáveis e diversificadas aos seus clientes, democratizando o acesso a estratégias de investimento sofisticadas.

Considerações éticas e regulamentares sobre a tomada de decisões financeiras com base na IA

À medida que a inteligência artificial (IA) continua a revolucionar o sector financeiro, traz consigo uma miríade de desafios éticos e regulamentares que exigem uma análise cuidadosa. A tomada de decisões financeiras com base na IA tem um enorme potencial para aumentar a eficiência, a precisão e a rentabilidade. No entanto, também suscita preocupações relacionadas com a equidade, a transparência, a privacidade e a responsabilidade.

Implicações éticas da IA na tomada de decisões financeiras: Os algoritmos de IA são concebidos para analisar grandes quantidades de dados, identificar padrões e fazer previsões com uma rapidez e exatidão notáveis. Embora esta capacidade ofereça vantagens significativas na tomada de decisões financeiras, também introduz complexidades éticas que não podem ser ignoradas.

Uma das principais preocupações é o enviesamento algorítmico, em que os sistemas de IA podem inadvertidamente perpetuar ou amplificar os enviesamentos existentes nos dados utilizados para a formação. Por exemplo, se os dados históricos de empréstimos contiverem práticas discriminatórias, os modelos de pontuação de crédito alimentados por IA podem inadvertidamente discriminar certos dados demográficos, perpetuando as desigualdades sociais.

A transparência é outra consideração ética. Muitos algoritmos de IA funcionam como "caixas negras", o que significa que os seus processos de tomada de decisão são opacos e não são facilmente compreensíveis para os humanos. Esta falta de transparência pode minar a confiança e a responsabilidade, especialmente em contextos financeiros em que a transparência é fundamental para a conformidade regulamentar e a proteção do consumidor.

Além disso, existem dilemas éticos em torno da utilização da IA para a negociação de alta frequência, em que os algoritmos executam transacções em fracções de segundo com base em dados e sinais do mercado. Os críticos argumentam que tais práticas podem exacerbar a volatilidade do mercado e representar riscos sistémicos, conduzindo potencialmente à manipulação do mercado e a vantagens injustas para certos participantes no mercado.

Quadros regulamentares para a IA nas finanças: Em resposta aos desafios éticos colocados pela IA nas finanças, os organismos reguladores de todo o mundo estão a desenvolver ativamente quadros para reger a sua utilização e mitigar potenciais riscos. Estes esforços regulamentares têm como objetivo encontrar um equilíbrio entre a promoção da inovação e a proteção contra danos.

Uma das principais considerações regulamentares é a privacidade e a segurança dos dados. As instituições financeiras devem cumprir regulamentos rigorosos de proteção de dados, como o Regulamento Geral de Proteção de Dados (GDPR) na União Europeia e a Lei Gramm-Leach-Bliley (GLBA) nos Estados Unidos. Ao implementar sistemas de IA, as empresas devem garantir a recolha, o processamento e o armazenamento ético e legal de dados financeiros sensíveis para proteger a privacidade do consumidor e evitar violações de dados.

Outra área crítica da regulamentação é a transparência e a explicabilidade dos algoritmos. Os reguladores estão a exigir cada vez mais que os algoritmos de IA utilizados nas finanças sejam transparentes e interpretáveis, permitindo que as partes interessadas compreendam como as decisões são tomadas e detectem quaisquer enviesamentos ou erros. Iniciativas como o Regulamento Geral sobre a Proteção de Dados (RGPD) da UE e as orientações da Reserva Federal dos EUA sobre a gestão de riscos de modelos sublinham a importância da transparência algorítmica e da responsabilidade nas práticas de gestão de riscos das instituições financeiras.

Além disso, os organismos reguladores estão a explorar formas de abordar o enviesamento e a discriminação algorítmica na tomada de decisões financeiras baseadas em IA. Por exemplo, a Autoridade de Conduta Financeira (FCA) do Reino Unido emitiu orientações sobre o tratamento justo dos consumidores na utilização de sistemas de IA e de aprendizagem automática, salientando a necessidade de as empresas identificarem e mitigarem potenciais enviesamentos nos seus algoritmos.

Além disso, as entidades reguladoras estão a acompanhar de perto a utilização da IA na negociação de alta frequência para garantir a integridade e a estabilidade do mercado. A Securities and Exchange Commission (SEC) dos EUA propôs regulamentação para reforçar a supervisão das actividades de negociação algorítmica, exigindo que as empresas implementem controlos de risco e salvaguardas para evitar abusos e manipulações do mercado.

A integração da inteligência artificial na tomada de decisões financeiras apresenta oportunidades e desafios para o sector. Embora a IA tenha o potencial de revolucionar as finanças, melhorando a eficiência, a precisão e a acessibilidade, também levanta preocupações éticas e regulamentares significativas que devem ser abordadas.

Para enfrentar esses desafios de forma eficaz, as instituições financeiras devem priorizar a ética e a conformidade em suas iniciativas de IA, garantindo transparência, justiça e responsabilidade em todo o desenvolvimento e implantação de sistemas de IA. Os órgãos reguladores desempenham um papel crucial no estabelecimento de diretrizes e padrões claros para o uso ético da IA nas finanças, promovendo a inovação e, ao mesmo tempo, protegendo contra riscos potenciais para os consumidores e os mercados financeiros.

Ao promover uma cultura de adoção responsável da IA e a colaboração entre as partes interessadas do sector e os reguladores, podemos aproveitar o poder transformador da IA para criar um sistema financeiro mais inclusivo, transparente e sustentável em benefício de toda a sociedade.

CAPÍTULO 3

Aplicações de aprendizagem automática na previsão financeira

Jyoti Kataria

Escola de Engenharia e Tecnologia

K. R. Mangalam University, Gurugram, Haryana, Índia

Gaurav Kansal

Escola de Engenharia

ABES(IT), Ghaziabad, Uttar Pradesh, Índia

Introdução

A previsão financeira é a pedra angular da tomada de decisões no mundo das finanças, orientando os investimentos, a gestão do risco e o planeamento estratégico. Tradicionalmente, os analistas financeiros baseavam-se em métodos estatísticos e modelos econométricos para prever tendências futuras. No entanto, com o advento da aprendizagem automática (ML) e da inteligência artificial (IA), surgiu uma nova era de previsão, que oferece maior precisão, eficiência e adaptabilidade.

Os modelos de aprendizagem automática para previsões financeiras aproveitam o poder dos algoritmos para analisar grandes quantidades de dados históricos, identificar padrões e fazer previsões sobre futuros movimentos do mercado, preços de activos e tendências económicas. Ao contrário dos modelos estatísticos tradicionais, que se baseiam em relações matemáticas predefinidas, os algoritmos de aprendizagem automática aprendem com os dados de forma iterativa, melhorando o seu desempenho ao longo do tempo. Esta adaptabilidade e flexibilidade tornam os modelos de aprendizagem automática adequados para captar relações complexas e não lineares inerentes aos mercados financeiros.

Uma das técnicas de aprendizagem automática mais utilizadas na previsão financeira é a aprendizagem supervisionada. Na aprendizagem supervisionada, o algoritmo é treinado com base em dados históricos, em que cada observação está associada a um resultado conhecido ou a uma variável-alvo. Ao aprender com estes exemplos históricos, o algoritmo pode generalizar o seu conhecimento para efetuar previsões sobre dados não vistos. A análise de regressão, uma técnica fundamental na aprendizagem supervisionada, é amplamente utilizada na previsão financeira para prever variáveis contínuas, como preços de acções, taxas de câmbio e taxas de juro.

As máquinas de vectores de suporte (SVM) são outra escolha popular para tarefas de previsão financeira. As SVM são um tipo de algoritmo de aprendizagem supervisionada que classifica os pontos de dados encontrando o hiperplano que melhor os separa em diferentes classes. Na previsão financeira, as SVMs podem ser utilizadas para prever tendências de mercado, identificar sinais de compra ou venda e detetar anomalias em dados financeiros. Ao utilizar o truque do kernel, as SVMs podem captar relações não lineares complexas nos dados, tornando-as adequadas para modelar as complexidades dos mercados financeiros.

s técnicas de aprendizagem por conjuntos, tais como as florestas aleatórias e as máquinas de gradiente ascendente, também ganharam destaque na previsão financeira. Os métodos de conjunto combinam vários modelos de base para produzir uma previsão mais robusta e exacta. As florestas aleatórias, por exemplo, constroem várias árvores de decisão e agregam as suas previsões para efetuar a previsão final. Do mesmo modo, as máquinas de gradiente de reforço treinam sequencialmente aprendizes fracos para corrigir os erros dos modelos anteriores, resultando num poderoso preditor de conjunto. Estes métodos de conjunto são excelentes na captação de padrões subtis e dependências em dados financeiros, tornando-os ferramentas valiosas para a previsão de retornos de acções, volatilidade e outras métricas financeiras importantes.

Para além da aprendizagem supervisionada, as técnicas de aprendizagem não supervisionada desempenham um papel crucial na previsão financeira, em particular nas tarefas de agrupamento e deteção de anomalias. Os algoritmos de agrupamento, como o k-means e o agrupamento hierárquico, agrupam pontos de dados semelhantes com base nas suas características, permitindo aos analistas identificar segmentos de mercado, grupos de clientes e oportunidades de investimento. Os algoritmos de deteção de anomalias, por outro lado, assinalam padrões invulgares ou suspeitos nos dados financeiros, ajudando a detetar actividades fraudulentas, manipulações de mercado e outras irregularidades.

A aprendizagem por reforço, um ramo da aprendizagem automática centrado na tomada de decisões sequenciais, também suscitou interesse na previsão financeira. Na aprendizagem por reforço, um agente aprende a interagir com um ambiente tomando medidas e recebendo feedback sob a forma de recompensas ou penalizações. No contexto das finanças, a aprendizagem por reforço pode ser aplicada à negociação algorítmica, à otimização de carteiras e à gestão de riscos. Ao aprender continuamente com as suas acções e ao aperfeiçoar as suas estratégias, um agente de aprendizagem por reforço pode adaptar-se à evolução das condições de mercado e otimizar o seu desempenho ao longo do tempo.

Apesar do notável potencial dos modelos de aprendizagem automática para a previsão financeira, há que ter em conta vários desafios e considerações. Em primeiro lugar, a qualidade e a quantidade de dados são fundamentais, uma vez que os algoritmos de aprendizagem automática dependem em grande medida da disponibilidade de dados relevantes e fiáveis. Dados de má qualidade, valores em falta e enviesamentos de dados podem levar a previsões incorrectas e a decisões de investimento erradas. Por conseguinte, o pré-processamento e a limpeza rigorosos dos dados são passos essenciais no processo de previsão.

Além disso, a volatilidade e a incerteza inerentes aos mercados financeiros colocam desafios significativos aos modelos de aprendizagem automática. Os dados das séries cronológicas financeiras apresentam frequentemente não-estacionariedade, heterocedasticidade e padrões irregulares, o que torna difícil modelá-los com precisão. Além disso, os mercados financeiros são influenciados por uma miríade de factores, incluindo indicadores económicos, acontecimentos geopolíticos e sentimento dos investidores, que são inerentemente difíceis de quantificar e prever.

Outro desafio é a interpretabilidade e a transparência dos modelos, especialmente nos sectores financeiros regulamentados, onde as decisões devem ser explicáveis e auditáveis. Os modelos complexos de aprendizagem automática, como as redes neuronais profundas, são frequentemente criticados pela sua falta de interpretabilidade, uma vez que o seu funcionamento interno é obscurecido por camadas de abstração. As técnicas de aprendizagem automática interpretáveis, como as árvores de decisão e os modelos lineares, oferecem uma visão mais transparente dos factores que determinam as previsões financeiras, embora à custa do desempenho preditivo.

As considerações éticas também entram em jogo quando se utilizam modelos de aprendizagem automática em finanças, especialmente em áreas sensíveis como a pontuação de crédito, a subscrição de seguros e a negociação algorítmica. Os enviesamentos nos dados de formação, a discriminação algorítmica e as consequências não intencionais são preocupações legítimas que devem ser abordadas para garantir a equidade, a responsabilidade e a transparência na tomada de decisões algorítmicas.

Os modelos de aprendizagem automática são imensamente promissores para revolucionar as previsões financeiras, oferecendo conhecimentos, eficiência e adaptabilidade sem precedentes. Desde a previsão dos preços das acções até à otimização das carteiras de investimento, os algoritmos de aprendizagem automática estão a remodelar a forma como os profissionais financeiros analisam os dados, tomam decisões e gerem os riscos. No entanto, para concretizar todo o potencial da aprendizagem automática em finanças é necessário enfrentar vários desafios, incluindo a qualidade dos dados, a interpretabilidade dos modelos e considerações éticas. Ao ultrapassar estes obstáculos e ao tirar partido do poder da aprendizagem automática, o sector financeiro pode abrir novas oportunidades de inovação, crescimento e prosperidade.

Análise preditiva e gestão de riscos com aprendizagem automática

A análise preditiva e a gestão de riscos são componentes essenciais das práticas financeiras modernas, permitindo que as instituições tomem decisões informadas e reduzam potenciais perdas. Com o advento das técnicas de aprendizagem automática (ML), o sector financeiro assistiu a uma mudança de paradigma na forma como os riscos são identificados, avaliados e geridos.

Compreender a análise preditiva em finanças: A análise preditiva envolve o uso de algoritmos estatísticos e técnicas de ML para analisar dados históricos e identificar padrões que podem ser usados para prever eventos ou comportamentos futuros. Nas finanças, a análise preditiva desempenha um papel crucial na avaliação do risco de crédito, da volatilidade do mercado, do comportamento do cliente e do desempenho do investimento.

Aplicações da análise preditiva na gestão do risco: Uma das principais aplicações da análise preditiva nas finanças é a avaliação do risco de crédito. Os algoritmos de ML analisam vários factores, como as pontuações de crédito, os níveis de rendimento, os rácios dívida/rendimento e os históricos de pagamento, para prever a probabilidade de incumprimento de mutuários individuais. Ao avaliar com exatidão o risco de crédito, as instituições financeiras podem tomar decisões de empréstimo informadas e minimizar potenciais perdas.

Outra aplicação importante é a gestão do risco de mercado. Os modelos de aprendizagem automática analisam dados de mercado, incluindo preços de activos, volumes de transacções e indicadores macroeconómicos, para identificar potenciais riscos e oportunidades. Ao prever as tendências e a volatilidade do mercado, as empresas financeiras podem ajustar as suas carteiras de investimento e estratégias de cobertura para mitigar os riscos e maximizar os retornos.

O papel da aprendizagem automática na gestão de riscos: As técnicas de aprendizagem automática revolucionaram a gestão do risco no sector financeiro, permitindo o desenvolvimento de modelos sofisticados que podem analisar grandes volumes de dados e adaptar-se às condições de mercado em constante mudança. Alguns algoritmos de aprendizagem automática comuns utilizados na gestão do risco incluem árvores de decisão, florestas aleatórias, máquinas de vectores de suporte e redes neuronais.

Uma das principais vantagens do ML na gestão do risco é a sua capacidade de identificar relações complexas e não lineares entre variáveis que podem não ser evidentes através de métodos estatísticos tradicionais. Ao tirar partido de algoritmos avançados e da capacidade de computação, os modelos de ML podem revelar padrões ocultos e conhecimentos nos dados financeiros, conduzindo a avaliações e previsões de risco mais exactas.

Desafios e limitações: Apesar dos seus potenciais benefícios, a adoção do ML na gestão do risco também coloca vários desafios. Um dos principais desafios é a qualidade e disponibilidade dos dados. Os modelos de ML requerem conjuntos de dados grandes e de elevada qualidade para serem treinados eficazmente, mas os dados financeiros são frequentemente fragmentados, incompletos ou inconsistentes. Assegurar a integridade e a fiabilidade dos dados é essencial para o êxito dos sistemas de gestão do risco baseados em ML.

Outro desafio é a interpretabilidade e transparência do modelo. Os algoritmos de ML, como as redes neuronais, são frequentemente considerados modelos de "caixa negra", o que significa que o processo de tomada de decisão subjacente é difícil de interpretar ou explicar. Esta falta de transparência pode colocar problemas regulamentares e de conformidade, uma vez que as instituições financeiras são obrigadas a fornecer explicações para as suas decisões de gestão do risco.

Perspectivas e oportunidades futuras: Apesar destes desafios, o futuro da análise preditiva e da gestão de riscos com o ML parece promissor. Os avanços na análise de dados, computação em nuvem e tecnologias de IA estão a tornar mais fácil e mais rentável para as instituições financeiras a implementação de sistemas de gestão de risco baseados em ML. Além disso, os reguladores estão a reconhecer cada vez mais os potenciais benefícios do ML na melhoria da avaliação do risco e dos processos de conformidade.

A análise preditiva e o ML surgiram como ferramentas poderosas para a gestão de riscos no sector financeiro. Ao tirar partido de algoritmos avançados e da análise de grandes volumes de dados, as instituições financeiras podem melhorar a sua capacidade de identificar, avaliar e atenuar os riscos, melhorando, em última análise, a tomada de decisões e impulsionando o desempenho empresarial. No entanto, para concretizar todo o potencial do ML na gestão do risco, é necessário enfrentar os desafios relacionados com a qualidade dos dados, a interpretabilidade dos modelos e a conformidade regulamentar. Com a inovação contínua e a colaboração entre as partes interessadas do sector, a análise preditiva e o ML estão preparados para revolucionar as práticas de gestão do risco e remodelar o futuro das finanças.

Algorithmic Trading e estratégias de negociação de alta frequência

A negociação algorítmica e a negociação de alta frequência (HFT) estão a revolucionar os mercados financeiros, tirando partido de algoritmos e tecnologia avançados para executar transacções com uma rapidez e eficiência sem precedentes. Estas estratégias transformaram o panorama da negociação, oferecendo oportunidades tanto para aumentar os lucros como para aumentar a volatilidade do mercado.

A negociação algorítmica envolve a utilização de algoritmos informáticos para executar automaticamente estratégias de negociação predefinidas. Estes algoritmos analisam grandes quantidades de dados de mercado, identificam oportunidades de negociação e executam ordens com um mínimo de intervenção humana. O principal objetivo da negociação algorítmica é capitalizar as ineficiências do mercado e explorar as discrepâncias de preços entre diferentes instrumentos financeiros.

Uma das principais vantagens da negociação algorítmica é a sua capacidade de executar transacções a velocidades muito superiores à capacidade humana. Ao tirar partido da conetividade de alta velocidade e dos serviços de co-localização, os operadores algorítmicos podem executar ordens em milissegundos ou mesmo microssegundos, o que lhes permite reagir às condições de mercado com uma precisão extremamente rápida. Esta vantagem da velocidade é particularmente crucial nos mercados actuais, altamente competitivos e em rápida evolução, onde até um ligeiro atraso na execução pode resultar na perda de oportunidades ou no aumento das perdas.

A negociação de alta frequência (HFT) é um subconjunto da negociação algorítmica que se centra na execução de um grande número de transacções em períodos de tempo extremamente curtos, normalmente entre microssegundos e milissegundos. As empresas de HFT utilizam algoritmos e infra-estruturas sofisticados para tirar partido dos pequenos movimentos de preços e das ineficiências do mercado, lucrando com estratégias de negociação rápidas, como a criação de mercado, a arbitragem e a arbitragem estatística.

A criação de mercado é uma estratégia comum de HFT em que os operadores cotam continuamente os preços de compra e venda de um determinado título, lucrando com o diferencial entre compra e venda. Ao ajustarem rapidamente as suas cotações em resposta a alterações nas condições de mercado, as empresas de HFT proporcionam liquidez ao mercado e facilitam a descoberta de preços. No entanto, os críticos argumentam que os criadores de mercado de HFT podem exacerbar a volatilidade do mercado durante períodos de tensão extrema, como se verifica nos casos de "flash crash", em que os preços sofrem movimentos súbitos e drásticos.

As estratégias de arbitragem envolvem a exploração de discrepâncias de preços entre diferentes mercados ou instrumentos financeiros para obter lucros sem risco. Por exemplo, as empresas de HFT podem recorrer à arbitragem geográfica, comprando e vendendo simultaneamente o mesmo ativo em diferentes bolsas para capitalizar pequenos diferenciais de preços. Do mesmo modo, as estratégias de arbitragem estatística procuram lucrar com os desvios temporários das relações históricas de preços ou dos padrões estatísticos.

Embora a negociação algorítmica e a HFT ofereçam vantagens significativas em termos de rapidez e eficiência, também colocam desafios e riscos únicos para a estabilidade e integridade dos mercados financeiros. Uma das principais preocupações é o potencial de manipulação do mercado e de práticas comerciais abusivas, como a falsificação, a estratificação e o "quote stuffing", em que os operadores tentam criar movimentos artificiais no mercado ou enganar outros participantes no mercado.

As autoridades reguladoras responderam a estas preocupações através da implementação de uma supervisão e regulamentação mais rigorosas, com o objetivo de limitar as práticas de negociação abusivas e garantir mercados justos e ordenados. Foram introduzidas medidas como disjuntores, sistemas de vigilância do mercado e requisitos de transparência reforçados para atenuar os riscos associados à negociação algorítmica e aos HFT. Além disso, as autoridades reguladoras acompanham de perto as actividades das empresas de HFT e utilizam tecnologia avançada para detetar e penalizar comportamentos manipuladores.

Outro desafio associado à negociação algorítmica e à HFT é o potencial de risco sistémico e de fragmentação do mercado. A crescente dependência de sistemas de negociação automatizados e a proliferação de plataformas de negociação podem amplificar o impacto de choques súbitos no mercado e exacerbar as crises de liquidez. Além disso, a natureza ultra-rápida da HFT pode conduzir a uma fragmentação da liquidez em múltiplas plataformas de negociação, dificultando o acesso dos participantes no mercado a mercados profundos e estáveis.

Apesar destes desafios, a negociação algorítmica e a HFT continuam a desempenhar um papel vital nos mercados financeiros actuais, impulsionando a inovação, a eficiência e a liquidez. Ao aproveitarem o poder da tecnologia e da análise de dados, os operadores podem executar transacções com uma velocidade e precisão sem paralelo, maximizando as oportunidades de lucro e minimizando os custos de execução. No entanto, é essencial encontrar um equilíbrio entre a inovação e a regulamentação para garantir a integridade e a estabilidade dos mercados financeiros na era da negociação algorítmica e da HFT.

A negociação algorítmica e as estratégias de negociação de alta frequência remodelaram o panorama dos mercados financeiros, oferecendo velocidade, eficiência e liquidez sem precedentes. Estas técnicas avançadas de negociação permitem aos participantes no mercado tirar partido das discrepâncias de preços e explorar oportunidades em tempo real, impulsionando a inovação e a concorrência no mercado global. No entanto, a rápida proliferação da negociação algorítmica e da HFT também coloca desafios e riscos que exigem um controlo cuidadoso e uma supervisão regulamentar para manter a integridade e a estabilidade dos mercados financeiros.

Desafios e aproveitamento de oportunidades: Implementar a aprendizagem automática nas finanças

Nos últimos anos, o sector financeiro tem assistido a uma transformação notável com a adoção de tecnologias de aprendizagem automática (ML). Desde a análise preditiva até à negociação algorítmica, os algoritmos de aprendizagem automática revolucionaram várias facetas das finanças, oferecendo conhecimentos e eficiência sem precedentes. No entanto, juntamente com as oportunidades, a implementação do ML nas finanças também apresenta inúmeros desafios que exigem uma análise cuidadosa e um planeamento estratégico.

Desafios na implementação do ML nas finanças

Qualidade e quantidade de dados: Um dos principais desafios na implementação do ML no sector financeiro é a disponibilidade e a qualidade dos dados. Os dados financeiros podem ser vastos, complexos e frequentemente ruidosos, o que coloca desafios ao nível do pré-processamento e da engenharia de características. Além disso, os dados históricos podem nem sempre captar todas as dinâmicas de mercado relevantes, o que conduz a enviesamentos e imprecisões nos modelos de aprendizagem automática. A resolução dos problemas de qualidade dos dados e a garantia de acesso a conjuntos de dados diversificados e representativos são essenciais para a criação de modelos de ML robustos no sector financeiro.

Interpretabilidade do modelo: Os modelos de aprendizagem automática, em especial os algoritmos complexos como as redes neuronais, são muitas vezes vistos como caixas negras, o que dificulta a interpretação das suas decisões. No sector financeiro, onde a transparência e a explicabilidade são cruciais para a conformidade regulamentar e a gestão de riscos, a falta de interpretabilidade dos modelos de ML pode constituir um obstáculo significativo à sua adoção. Equilibrar a complexidade do modelo com a interpretabilidade é essencial para ganhar a confiança das partes interessadas no sector financeiro.

Conformidade regulamentar: O sector financeiro é altamente regulamentado, com requisitos de conformidade rigorosos para salvaguardar os interesses dos investidores e manter a integridade do mercado. A implementação do ML nas finanças requer a adesão a directrizes regulamentares, incluindo leis de privacidade de dados, regulamentos de combate ao branqueamento de capitais e normas de gestão de riscos. Garantir que os algoritmos de ML cumprem os requisitos regulamentares sem comprometer o desempenho ou a inovação é um desafio complexo, mas crítico, para as instituições financeiras.

Sobreajuste e validação do modelo: O sobreajuste, em que um modelo aprende o ruído dos dados de treino em vez dos padrões subjacentes, é um desafio comum em ML, especialmente em finanças, onde os dados são limitados e ruidosos. Os modelos imprecisos ou sobreajustados podem conduzir a previsões erradas e a conhecimentos pouco fiáveis, representando riscos significativos para a tomada de decisões financeiras. Técnicas rigorosas de validação de modelos, incluindo validação cruzada, testes fora da amostra e testes de stress, são essenciais para identificar e mitigar os riscos de sobreajuste em modelos financeiros baseados em ML.

Oportunidades na implementação do ML nas finanças

Análise preditiva melhorada: Os algoritmos de ML são excelentes na identificação de padrões e relações complexas em dados financeiros, permitindo previsões mais precisas e atempadas de tendências de mercado, preços de activos e oportunidades de investimento. Ao utilizar técnicas de ML, como regressão, classificação e agrupamento, as instituições financeiras podem obter informações valiosas sobre o comportamento dos clientes, a dinâmica do mercado e os factores de risco, facilitando a tomada de decisões informadas e o planeamento estratégico.

Estratégias de negociação automatizadas: A negociação algorítmica, alimentada por algoritmos de ML, revolucionou os mercados financeiros ao permitir a execução automatizada de estratégias de negociação com base em regras predefinidas e condições de mercado. As técnicas de ML, como a aprendizagem por reforço e os algoritmos genéticos, podem adaptar as estratégias de negociação em tempo real, optimizando o desempenho da negociação e capitalizando as ineficiências do mercado. Os sistemas de negociação automatizados reduzem o erro humano, aumentam a liquidez e melhoram a eficiência do mercado, oferecendo oportunidades significativas para investidores e comerciantes.

Gestão de riscos e deteção de fraudes: O ML desempenha um papel fundamental na melhoria das práticas de gestão do risco e na deteção de actividades fraudulentas nas finanças. Os algoritmos de aprendizagem supervisionada podem analisar dados de transacções históricas para identificar padrões anómalos indicativos de fraude ou comportamento suspeito, permitindo uma intervenção proactiva e a atenuação dos riscos financeiros. Os modelos de risco baseados em ML também permitem uma avaliação mais precisa da solvabilidade, da volatilidade do mercado e da diversificação da carteira, melhorando as capacidades globais de gestão do risco.

Serviços financeiros personalizados: A personalização orientada por ML permite às instituições financeiras adaptar produtos, serviços e recomendações às preferências individuais dos clientes e aos seus objectivos financeiros. Ao analisar os dados dos clientes, os históricos de transacções e os padrões de comportamento, os algoritmos de ML podem fornecer conselhos de investimento personalizados, assistência ao orçamento e soluções de gestão de património, aumentando a satisfação e a lealdade dos clientes. Os serviços financeiros personalizados também permitem campanhas de marketing direccionadas e oportunidades de vendas cruzadas, impulsionando o crescimento das receitas e a competitividade do mercado.

A implementação da aprendizagem automática no sector financeiro apresenta desafios e oportunidades para as instituições financeiras que procuram tirar partido das informações baseadas em dados e da automatização para obter uma vantagem competitiva. Ultrapassar os desafios relacionados com a qualidade dos dados, a interpretabilidade do modelo, a conformidade regulamentar e o sobreajuste requer um planeamento cuidadoso, colaboração e inovação. No entanto, os potenciais benefícios da análise preditiva melhorada, das estratégias de negociação automatizadas, da gestão de risco melhorada e dos serviços financeiros personalizados são substanciais, tornando o ML uma força transformadora no sector financeiro.

CAPÍTULO 4

Finanças pessoais e gestão de património orientadas para a IA

Sudesh Singh

Departamento de Informática

NIET, Greater Noida, Uttar Pradesh, Índia

Jyoti Kataria

Escola de Engenharia e Tecnologia

K. R. Mangalam University, Gurugram, Haryana, Índia

Introdução

No complexo panorama financeiro atual, os indivíduos procuram soluções personalizadas que se alinhem com os seus objectivos financeiros únicos, tolerância ao risco e circunstâncias de vida. O planeamento financeiro personalizado e os serviços de consultoria surgiram como componentes cruciais para atender a essas necessidades. Aproveitando o poder da inteligência artificial (IA), as instituições financeiras e as empresas de consultoria podem agora oferecer recomendações e insights personalizados que antes eram inimagináveis.

O planeamento financeiro personalizado implica a personalização de estratégias financeiras para ir ao encontro dos objectivos e preferências específicos de cada cliente. As abordagens tradicionais geralmente dependem de modelos e suposições padronizadas, levando a uma abordagem de tamanho único que pode não atender totalmente às necessidades individuais. No entanto, com os avanços em IA e aprendizado de máquina, os consultores financeiros agora podem analisar grandes quantidades de dados para desenvolver recomendações altamente personalizadas, adaptadas às circunstâncias exclusivas de cada cliente.

Um dos principais benefícios do planeamento financeiro personalizado é a sua capacidade de fornecer uma visão holística da situação financeira de um indivíduo. Ao agregar dados de várias fontes, como contas bancárias, carteiras de investimento e contas de aposentadoria, as plataformas baseadas em IA podem oferecer percepções abrangentes sobre a saúde financeira de um cliente. Esta abordagem holística permite aos consultores identificar áreas de melhoria, otimizar a alocação de activos e mitigar os riscos de forma eficaz.

Além disso, o planeamento financeiro personalizado permite ajustes dinâmicos em resposta a mudanças nos acontecimentos da vida ou nas condições do mercado. Por exemplo, os algoritmos de IA podem analisar alterações nos rendimentos, despesas ou objectivos de investimento de um cliente e ajustar automaticamente o seu plano financeiro em conformidade. Essa agilidade garante que os clientes permaneçam no caminho certo para atingir seus objetivos, mesmo diante de circunstâncias imprevistas.

Os serviços de consultoria baseados em IA desempenham um papel crucial no fornecimento de soluções de planeamento financeiro personalizado aos clientes. Esses serviços utilizam algoritmos avançados para analisar os dados do cliente, identificar padrões e gerar insights acionáveis. Ao aproveitar o poder da IA, os consultores financeiros podem fornecer recomendações mais precisas, oportunas e relevantes aos seus clientes.

Uma das principais características dos serviços de consultoria orientados para a IA é a sua capacidade de oferecer análises preditivas. Ao analisar dados históricos e tendências de mercado, os algoritmos de IA podem antecipar o desempenho futuro e identificar potenciais oportunidades ou riscos. Esta abordagem proactiva permite que os consultores tomem decisões informadas e orientem os seus clientes para resultados financeiros ideais.

Além disso, os serviços de consultoria orientados para a IA podem melhorar a experiência do cliente, fornecendo interfaces intuitivas e ferramentas interactivas. Estas plataformas permitem que os clientes visualizem os seus dados financeiros, acompanhem o progresso em direção aos seus objectivos e simulem vários cenários para tomar decisões informadas. Ao dar aos clientes maior visibilidade e controlo sobre as suas finanças, os serviços de consultoria baseados em IA podem promover relações mais fortes e confiança entre consultores e clientes.

Apesar dos inúmeros benefícios do planeamento financeiro personalizado e dos serviços de consultoria orientados para a IA, subsistem vários desafios. Uma das principais preocupações é a privacidade e a segurança dos dados. À medida que as instituições financeiras recolhem e analisam quantidades crescentes de dados sensíveis dos clientes, devem garantir medidas de segurança robustas para proteger contra o acesso não autorizado ou violações de dados.

Além disso, existe um risco de enviesamento algorítmico nos serviços de consultoria baseados em IA. Se os algoritmos forem treinados com base em dados ou suposições tendenciosas, eles podem inadvertidamente perpetuar as desigualdades ou estereótipos existentes. As instituições financeiras devem tomar medidas proactivas para mitigar o enviesamento e garantir a equidade nos seus algoritmos de IA para manter a confiança e a credibilidade junto dos seus clientes.

Além disso, a adoção de serviços de consultoria baseados em IA pode exigir um investimento significativo em infra-estruturas tecnológicas e na formação do pessoal. As instituições financeiras devem afetar recursos de forma eficaz para desenvolver e implementar soluções de IA com êxito.

Além disso, têm de garantir que os seus consultores estão equipados com as competências e os conhecimentos necessários para tirar partido da IA de forma eficaz na sua prática.

Olhando para o futuro, o futuro do planeamento financeiro personalizado e dos serviços de consultoria orientados para a IA parece promissor. À medida que a tecnologia de IA continua a evoluir, podemos esperar ver mais avanços na análise de dados, modelação preditiva e processamento de linguagem natural. Esses desenvolvimentos permitirão que os consultores financeiros forneçam recomendações ainda mais personalizadas e acionáveis aos seus clientes, gerando maior valor e satisfação.

O planeamento financeiro personalizado e os serviços de consultoria orientados para a IA representam uma abordagem transformadora à gestão do património. Ao aproveitar o poder da IA, as instituições financeiras podem oferecer soluções personalizadas que atendem às necessidades e preferências exclusivas de cada cliente. Embora subsistam desafios, os potenciais benefícios do planeamento financeiro personalizado e dos serviços de consultoria orientados para a IA são vastos, prometendo revolucionar a forma como os indivíduos gerem as suas finanças e planeiam o futuro.

Robo-conselheiros e plataformas de investimento automatizadas

No domínio das finanças modernas, está em curso uma transformação significativa com o advento dos robo-advisors e das plataformas de investimento automatizadas. Estas tecnologias inovadoras reformularam o panorama da gestão de investimentos, democratizando o acesso aos serviços financeiros e revolucionando as abordagens tradicionais de investimento.

Os consultores robóticos, alimentados por algoritmos sofisticados e inteligência artificial, surgiram como forças disruptivas no sector financeiro. Estas plataformas digitais oferecem serviços de investimento e planeamento financeiro automatizados e orientados por algoritmos, com um mínimo de intervenção humana. A origem dos robo-consultores remonta ao início da década de 2000, tendo ganho força na sequência da crise financeira de 2008, quando os investidores procuraram soluções de investimento mais transparentes e económicas.

A funcionalidade dos consultores-robô gira em torno da recolha de informações do cliente, da avaliação da tolerância ao risco e da criação de carteiras de investimento diversificadas, adaptadas às preferências individuais e aos objectivos financeiros. Através de interfaces de utilizador intuitivas e avaliações baseadas em questionários, os robo-consultores analisam factores como o horizonte de investimento, os rendimentos, as despesas e a apetência pelo risco para formular estratégias de investimento personalizadas. Utilizando a moderna teoria da carteira e algoritmos de otimização, estas plataformas alocam activos em várias classes de activos, com o objetivo de maximizar os retornos e minimizar o risco.

Uma das principais vantagens dos robo-consultores é a sua acessibilidade e acessibilidade económica. Ao contrário dos serviços de consultoria financeira tradicionais, que muitas vezes exigem montantes mínimos de investimento substanciais e implicam comissões elevadas, os robo-advisors oferecem soluções de investimento de baixo custo com mínimos de conta mais baixos, tornando-os acessíveis a um espetro mais vasto de investidores, incluindo a geração do milénio e indivíduos com capital de investimento limitado. Além disso, as estruturas de comissões transparentes dos robo-advisors, normalmente baseadas numa percentagem dos activos sob gestão, eliminam as comissões ocultas e proporcionam alternativas rentáveis aos serviços tradicionais de gestão de patrimónios.

Além disso, os robo-advisors são excelentes na prestação de serviços de reequilíbrio automatizado de carteiras e de recolha de perdas fiscais, optimizando as carteiras de investimento para manter as alocações de activos pretendidas e minimizar as responsabilidades fiscais. Ao tirar partido de algoritmos avançados, os robo-advisors monitorizam continuamente as condições de mercado e ajustam as alocações das carteiras em conformidade, assegurando o alinhamento com os objectivos de longo prazo e as preferências de risco dos investidores. Além disso, as estratégias de tax-loss harvesting têm como objetivo compensar as mais-valias com perdas realizadas, aumentando os retornos após impostos e maximizando a eficiência da carteira.

Juntamente com os robo-advisors, as plataformas de investimento automatizadas ganharam proeminência como soluções convenientes para investidores passivos que procuram experiências de investimento simplificadas. Estas plataformas oferecem uma gama diversificada de produtos de investimento, incluindo fundos negociados em bolsa (ETFs), fundos mútuos e acções individuais, permitindo aos investidores construir carteiras personalizadas adaptadas aos seus objectivos de investimento e perfis de risco. Com interfaces de utilizador intuitivas e processos simplificados de configuração de contas, as plataformas de investimento automatizadas permitem aos investidores gerir as suas carteiras de forma autónoma, sem necessidade de grandes conhecimentos financeiros ou de intervenção manual.

As plataformas de investimento automatizadas integram frequentemente recursos e ferramentas educativas para melhorar os conhecimentos dos investidores e as suas capacidades de tomada de decisões. Através de recomendações de investimento personalizadas, ferramentas de avaliação de risco e conteúdos educativos, estas plataformas permitem aos investidores tomar decisões de investimento informadas e alinhadas com os seus objectivos financeiros e preferências de risco. Além disso, algumas plataformas de investimento automatizadas oferecem reinvestimento automático de dividendos e funcionalidades de investimento com base em objectivos, permitindo aos investidores reinvestir sistematicamente os dividendos e afetar fundos a objectivos financeiros específicos, como o planeamento da reforma ou a poupança para a educação universitária.

Apesar dos inúmeros benefícios associados aos robo-advisors e às plataformas de investimento automatizadas, vários desafios e considerações merecem atenção. Uma preocupação notável é o potencial de enviesamento algorítmico e a dependência excessiva de dados históricos na tomada de decisões de investimento. Embora os algoritmos se esforcem por otimizar os resultados dos investimentos com base no desempenho histórico e em modelos estatísticos, podem inadvertidamente perpetuar enviesamentos ou não ter em conta dinâmicas de mercado imprevistas, conduzindo a decisões de investimento pouco optimizadas.

Além disso, o aumento dos robo-advisors e das plataformas de investimento automatizadas levantou questões sobre o futuro dos consultores financeiros humanos e o potencial para a deslocação de postos de trabalho no sector dos serviços financeiros. Embora os robo-consultores ofereçam soluções de investimento económicas e escaláveis, não têm a orientação personalizada e o toque humano proporcionados pelos consultores financeiros tradicionais. No entanto, muitas empresas financeiras estão a adotar uma abordagem híbrida, combinando serviços de consultoria robótica com o apoio de consultores humanos para fornecer soluções abrangentes de gestão de património que atendam às diversas necessidades e preferências dos investidores.

Os consultores robóticos e as plataformas de investimento automatizadas representam inovações transformadoras que democratizaram o acesso aos serviços financeiros, simplificaram os processos de investimento e capacitaram os investidores para tomarem decisões informadas. Ao aproveitarem o poder da inteligência artifcial e dos algoritmos, estas plataformas oferecem soluções de investimento rentáveis, transparentes e personalizadas, adaptadas às preferências individuais e aos objectivos financeiros. Embora existam desafios e considerações, a proliferação de robo-consultores e plataformas de investimento automatizadas sublinha o cenário em evolução das finanças modernas e o potencial da tecnologia para remodelar a forma como investimos e gerimos o nosso futuro financeiro.

Gestão de carteiras e afetação de activos com recurso a IA

Nos mercados financeiros complexos e de ritmo acelerado de hoje em dia, os investidores procuram constantemente formas inovadoras de otimizar as suas carteiras e atingir os seus objectivos financeiros. As estratégias tradicionais de gestão de carteiras e de afetação de activos, embora eficazes até certo ponto, têm muitas vezes dificuldade em acompanhar a natureza dinâmica dos mercados.

A gestão de carteiras baseada em IA envolve a utilização de algoritmos avançados de aprendizagem automática e técnicas de análise de dados para analisar grandes quantidades de dados financeiros, identificar padrões e tendências e tomar decisões de investimento informadas. Ao tirar partido da IA, os investidores podem obter uma compreensão mais profunda da dinâmica do mercado, atenuar os riscos e melhorar o desempenho das carteiras.

Uma das principais vantagens da IA na gestão de carteiras é a sua capacidade de processar grandes volumes de dados em tempo real. Os gestores de carteiras tradicionais baseiam-se frequentemente em dados históricos e em instintos para tomar decisões de investimento. No entanto, os algoritmos de IA podem analisar conjuntos de dados maciços, incluindo tendências de mercado, indicadores económicos, finanças de empresas, sentimento de notícias e conversas nas redes sociais, para identificar oportunidades de investimento e otimizar as alocações de carteiras.

Além disso, os sistemas de gestão de carteiras alimentados por IA podem aprender e adaptar-se continuamente às condições de mercado em constante mudança. Os algoritmos de aprendizagem automática podem analisar o desempenho de investimentos anteriores e ajustar as alocações da carteira em conformidade, maximizando os retornos e minimizando os riscos. Esta abordagem dinâmica à gestão de carteiras permite que os investidores se mantenham à frente das tendências do mercado e capitalizem as oportunidades emergentes.

A afetação de activos é outro aspeto crucial da gestão de carteiras que pode beneficiar significativamente das tecnologias de IA. A afetação de activos envolve a determinação da combinação ideal de activos, tais como acções, obrigações e mercadorias, para atingir um nível desejado de risco e retorno. Os modelos tradicionais de afetação de activos baseiam-se frequentemente em regras e pressupostos estáticos, que podem não captar totalmente as complexidades do mercado.

A alocação de activos baseada em IA, por outro lado, adopta uma abordagem mais dinâmica e baseada em dados. Os algoritmos de aprendizagem automática podem analisar o desempenho histórico dos activos, as correlações de mercado e as preferências dos investidores para construir carteiras optimizadas que se adaptem às condições de mercado em mudança. Ao monitorizar continuamente os sinais do mercado e ao ajustar as alocações de activos em tempo real, os modelos de alocação de activos baseados em IA podem aumentar a diversificação das carteiras e melhorar os retornos ajustados ao risco.

Uma das principais vantagens da alocação de activos baseada em IA é a sua capacidade de incorporar fontes de dados alternativas e activos não tradicionais no processo de investimento. Para além dos dados financeiros tradicionais, os algoritmos de IA podem analisar conjuntos de dados alternativos, tais como imagens de satélite, atividade nas redes sociais e dados sobre o comportamento dos consumidores, para obter informações únicas sobre as tendências do mercado e as oportunidades de investimento. Esta abordagem holística à alocação de activos permite aos investidores descobrir oportunidades ocultas e gerar alfa nas suas carteiras.

Além disso, a gestão de carteiras e a afetação de activos com base em IA podem ajudar os investidores a navegar em cenários de investimento complexos, como o investimento ESG (ambiental, social e de governação) e o investimento temático. Ao aproveitar os algoritmos de IA para analisar factores ESG e identificar empresas com fortes práticas de sustentabilidade, os investidores podem criar carteiras socialmente responsáveis que se alinham com os seus valores. Do mesmo modo, a IA pode identificar temas e tendências emergentes, como a energia limpa, a inteligência artificial e a cibersegurança, e construir carteiras que capitalizem estas oportunidades de crescimento a longo prazo.

Apesar dos inúmeros benefícios da gestão de carteiras e da alocação de activos com base em IA, é essencial reconhecer os desafios e as limitações associados a estas tecnologias. Uma das principais preocupações é o potencial para enviesamentos algorítmicos e imprecisões de modelos. Os algoritmos de IA são tão bons quanto os dados com que são treinados, e os enviesamentos nos dados podem levar a decisões de investimento tendenciosas. Além disso, os modelos de IA podem ter dificuldade em interpretar eventos inesperados ou eventos de cisne negro, que podem resultar em perdas significativas da carteira.

Além disso, a crescente dependência da IA na gestão de carteiras levanta preocupações sobre a privacidade dos dados e a cibersegurança. Como os algoritmos de IA analisam grandes quantidades de dados financeiros sensíveis, existe o risco de violações de dados e de acesso não autorizado. É crucial que os investidores e gestores de activos implementem medidas robustas de cibersegurança e adiram a regulamentos rigorosos de privacidade de dados para proteger as informações dos investidores.

A gestão de carteiras e a alocação de activos com base em IA representam uma mudança de paradigma na forma como os investidores abordam a tomada de decisões de investimento. Ao aproveitar o poder dos algoritmos de IA e da análise de dados, os investidores podem obter insights mais profundos sobre as tendências do mercado, otimizar as alocações de portfólio e aumentar os retornos ajustados ao risco. No entanto, é essencial reconhecer os desafios e limitações associados às tecnologias de IA e implementar salvaguardas adequadas para mitigar os riscos. Em última análise, a IA tem o potencial de revolucionar o sector do investimento e permitir que os investidores atinjam os seus objectivos financeiros de forma mais eficiente e eficaz.

Literacia financeira: O papel das ferramentas baseadas em IA

A literacia financeira é uma componente essencial do bem-estar pessoal e económico. No entanto, apesar da sua importância, muitas pessoas não possuem os conhecimentos e as competências necessárias para tomar decisões financeiras informadas. Os métodos tradicionais de educação financeira, como workshops e seminários, revelaram-se inadequados para atingir um público vasto e melhorar eficazmente os níveis de literacia financeira. No entanto, com o advento da tecnologia de inteligência artificial (IA), existe uma oportunidade significativa para revolucionar a educação financeira e capacitar as pessoas para assumirem o controlo do seu futuro financeiro.

As ferramentas baseadas em IA estão a remodelar o panorama da literacia financeira, proporcionando experiências de aprendizagem personalizadas, acessíveis e interactivas. Estas ferramentas aproveitam o poder dos algoritmos de aprendizagem automática para analisar os dados do utilizador, compreender os comportamentos e preferências financeiras individuais e fornecer conteúdos educativos personalizados. Ao aproveitar as capacidades da IA, as iniciativas de literacia financeira podem chegar a um público mais vasto, adaptar-se a diversos estilos de aprendizagem e abordar eficazmente lacunas de conhecimento específicas.

Um dos principais benefícios das ferramentas orientadas para a IA é a sua capacidade de proporcionar experiências de educação financeira personalizadas. Os programas tradicionais de educação financeira geralmente adotam uma abordagem de tamanho único, que pode não ressoar com indivíduos com níveis variados de conhecimento e experiência financeira. Em contraste, as plataformas alimentadas por IA podem adaptar dinamicamente o seu conteúdo e recomendações com base na situação financeira, objectivos e ritmo de aprendizagem únicos do utilizador. Por exemplo, uma aplicação de orçamento baseada em IA pode analisar os padrões de gastos de um utilizador, identificar áreas de melhoria e oferecer dicas e estratégias personalizadas para gerir as finanças de forma mais eficaz.

Além disso, as ferramentas baseadas em IA são excelentes no fornecimento de feedback e orientação em tempo real, permitindo que os utilizadores aprendam ao seu próprio ritmo e acompanhem o seu progresso ao longo do tempo. Através de funcionalidades interactivas, como questionários, simulações e elementos de gamificação, os utilizadores podem interagir com conceitos financeiros de uma forma mais envolvente e agradável. Estas experiências interactivas não só melhoram a retenção, como também incentivam a participação ativa e a aprendizagem contínua.

Outra vantagem fundamental das ferramentas baseadas em IA é a sua capacidade de tirar partido dos princípios da economia comportamental para influenciar comportamentos financeiros positivos. Ao incorporar conhecimentos de psicologia e economia, estas ferramentas podem levar os utilizadores a tomar melhores decisões financeiras. Por exemplo, uma aplicação de poupança alimentada por IA pode utilizar avisos e lembretes comportamentais para incentivar os utilizadores a pôr dinheiro de lado regularmente, promovendo assim hábitos de poupança a longo prazo.

Além disso, as ferramentas baseadas em IA têm o potencial de democratizar o acesso à educação financeira, ultrapassando barreiras tradicionais como o tempo, o custo e a localização. Ao contrário dos workshops ou consultas presenciais, que podem exigir tempo e recursos financeiros significativos para participar, as plataformas alimentadas por IA podem fornecer conteúdo educacional a qualquer hora, em qualquer lugar e a um custo mínimo ou nulo. Essa acessibilidade é particularmente benéfica para populações carentes, incluindo indivíduos de baixa renda, estudantes e comunidades marginalizadas, que podem enfrentar barreiras adicionais para acessar os recursos tradicionais de alfabetização financeira.

Para além de capacitar os indivíduos para tomarem melhores decisões financeiras, as ferramentas orientadas para a IA também podem ajudar os educadores financeiros e as instituições a fornecer soluções de aprendizagem mais eficazes e escaláveis. Ao automatizar tarefas de rotina, como a análise de dados, a curadoria de conteúdos e as recomendações personalizadas, a tecnologia de IA permite que os educadores concentrem os seus esforços na conceção de conteúdos educativos de alta qualidade e no envolvimento com os alunos a um nível mais significativo. Além disso, as ferramentas analíticas baseadas em IA podem fornecer informações valiosas sobre o comportamento e as preferências dos alunos, permitindo que os educadores adaptem as suas estratégias e intervenções de ensino em conformidade.

Apesar dos inúmeros benefícios das ferramentas de literacia financeira orientadas para a IA, é essencial reconhecer e abordar os potenciais desafios e limitações. A privacidade e a segurança dos dados são preocupações fundamentais, uma vez que as plataformas de IA podem recolher e analisar informações pessoais sensíveis para fornecer recomendações personalizadas. Por conseguinte, é crucial que os criadores implementem salvaguardas de privacidade robustas e práticas de dados transparentes para proteger a confidencialidade do utilizador e criar confiança.

Além disso, existe um risco de enviesamento algorítmico, em que os sistemas de IA podem perpetuar ou exacerbar as disparidades existentes no acesso a serviços e oportunidades financeiras. Os programadores devem identificar e mitigar proactivamente os enviesamentos nos seus algoritmos para garantir resultados justos e equitativos para todos os utilizadores. Além disso, devem ser feitos esforços para garantir que as ferramentas de literacia financeira orientadas para a IA são inclusivas e acessíveis a indivíduos com diversas origens, capacidades e necessidades de aprendizagem.

As ferramentas orientadas para a IA têm o potencial de revolucionar a educação financeira e capacitar os indivíduos para tomarem decisões financeiras informadas e responsáveis. Ao proporcionar experiências de aprendizagem personalizadas, interactivas e acessíveis, estas ferramentas podem colmatar a lacuna na literacia financeira e promover o bem-estar financeiro para todos. No entanto, é essencial abordar o desenvolvimento e a implementação da tecnologia de IA na educação financeira com cautela, atenção e um compromisso com práticas éticas e inclusivas. Só através de uma inovação e colaboração responsáveis é que podemos desbloquear todo o potencial da IA para melhorar a literacia financeira e capacitar os indivíduos para atingirem os seus objectivos financeiros.

CAPÍTULO 5

Serviços bancários e financeiros com inteligência artificial

Dhiraj Singh Rawat

Departamento de Informática

NIET, Greater Noida, Uttar Pradesh, Índia

Jyoti Kataria

Escola de Engenharia e Tecnologia

K. R. Mangalam University, Gurugram, Haryana, Índia

Introdução

O panorama financeiro está a passar por uma revolução digital, com a Inteligência Artificial (IA) na linha da frente. Uma das aplicações mais impactantes da IA no sector bancário é o aumento do serviço de apoio ao cliente e dos chatbots alimentados por IA. Estes assistentes virtuais estão a transformar a forma como os bancos interagem com os seus clientes, oferecendo uma mistura de conveniência, eficiência e potencial personalização.

Revolucionando a eficiência: Automatização de tarefas de rotina

O modelo tradicional de serviço ao cliente no sector bancário envolve frequentemente chamadas telefónicas com tempos de espera ou visitas presenciais a agências durante horários limitados. Isto pode ser inconveniente e demorado para os clientes. Os chatbots alimentados por IA oferecem uma solução ao automatizar tarefas de rotina, libertando os representantes humanos para questões mais complexas. Imagine um cenário em que um cliente quer simplesmente verificar o saldo da sua conta ou transferir fundos. Com um chatbot, isto pode ser conseguido instantaneamente através de uma interface de conversação fácil de utilizar.

Tarefas como o pagamento de facturas, a comunicação de cartões perdidos ou a reposição de palavras-passe também podem ser simplificadas pelos chatbots, reduzindo significativamente os tempos de espera dos clientes e melhorando a eficiência operacional global dos bancos.

Disponibilidade 24/7: Conveniência na ponta dos seus dedos

Uma das vantagens mais significativas dos chatbots com IA é a sua disponibilidade constante. Ao contrário dos representantes humanos que necessitam de pausas e seguem o horário comercial, os chatbots estão acessíveis 24 horas por dia, 7 dias por semana, 365 dias por ano. Isto proporciona uma conveniência sem paralelo para os clientes. Quer se trate de uma consulta rápida da conta a meio da noite ou de um pedido de transferência ao fim de semana, os chatbots oferecem assistência imediata, permitindo aos clientes gerir as suas finanças no seu próprio tempo. Esta acessibilidade contínua promove uma maior satisfação e fidelização dos clientes.

Interacções personalizadas: O poder da aprendizagem automática

Embora os chatbots actuais possam ser excelentes na automatização de tarefas, o seu potencial vai para além das simples transacções. Ao integrarem algoritmos de aprendizagem automática, os chatbots podem analisar os dados dos clientes e personalizar as interacções. Isto pode envolver a oferta de produtos financeiros adaptados aos hábitos de consumo de um cliente ou o fornecimento de informações relevantes sobre a conta durante uma sessão de conversação. Imagine um cenário em que um cliente utiliza frequentemente ferramentas de orçamento na aplicação bancária. O chatbot, ao reconhecer este comportamento, poderia sugerir proactivamente um plano de poupança personalizado ou recomendar recursos educativos sobre gestão financeira. Este nível de personalização pode melhorar significativamente a experiência do cliente e promover relações mais profundas com o banco.

Responder às preocupações de segurança: Criar confiança na era digital

Tal como acontece com qualquer tecnologia que lida com informações sensíveis, a segurança é fundamental para os chatbots alimentados por IA no sector bancário. Os bancos devem dar prioridade a protocolos de segurança robustos para proteger os dados dos clientes. Isso inclui a implementação de padrões de criptografia, autenticação multifator e adesão a regulamentos rígidos de privacidade de dados. Além disso, a construção de confiança requer transparência. Os bancos devem comunicar claramente a forma como os dados dos clientes são recolhidos, utilizados e protegidos. Isto promove uma sensação de segurança e incentiva os clientes a utilizarem os chatbots com confiança.

O futuro do serviço de apoio ao cliente baseado em IA: Uma abordagem colaborativa

Embora os chatbots com IA ofereçam inúmeras vantagens, é importante reconhecer que a interação humana continua a ser valiosa no sector bancário. Decisões financeiras complexas ou situações que requerem empatia e inteligência emocional podem ainda ser melhor abordadas por representantes humanos. O futuro do serviço de apoio ao cliente baseado em IA reside provavelmente numa abordagem colaborativa. Os chatbots podem lidar eficazmente com tarefas de rotina e inquéritos iniciais, oferecendo até passos básicos de resolução de problemas. Quando uma situação requer um toque mais pessoal ou um conhecimento mais aprofundado, o chatbot pode encaminhar o cliente para um representante humano mais bem equipado para responder às suas necessidades. Isto garante uma experiência de serviço ao cliente completa que aproveita os pontos fortes da IA e da experiência humana.

Para além da eficiência: Explorar o impacto mais alargado

O impacto dos chatbots alimentados por IA na banca vai para além da mera melhoria da eficiência e da conveniência. Estes assistentes virtuais podem potencialmente melhorar a inclusão financeira, fornecendo acesso 24 horas por dia, 7 dias por semana, a serviços bancários básicos em áreas remotas ou para clientes com deficiências. Além disso, os chatbots podem ser programados para oferecer recursos de literacia financeira ou responder a questões financeiras básicas, permitindo que os clientes tomem decisões informadas sobre as suas finanças.

Os chatbots e o serviço de apoio ao cliente com recurso a IA estão a remodelar a forma como os bancos interagem com os seus clientes. Ao oferecer acessibilidade 24 horas por dia, 7 dias por semana, automatizar tarefas de rotina e potencialmente personalizar as interacções, os chatbots aumentam a conveniência e a eficiência do cliente. No entanto, as considerações de segurança continuam a ser fundamentais. À medida que a tecnologia de IA continua a evoluir, o futuro do serviço de apoio ao cliente bancário envolve provavelmente uma abordagem colaborativa, com os chatbots a trabalharem em conjunto com representantes humanos para proporcionar uma experiência de cliente perfeita e personalizada. Isso abre caminho para um cenário bancário mais inclusivo e preparado para o futuro.

Deteção e prevenção de fraudes com recurso à IA

O domínio das finanças, do comércio eletrónico e até mesmo as nossas interacções diárias estão constantemente a ser assediados por autores de fraudes. Os seus métodos evoluem rapidamente, exigindo um sistema de defesa que consiga acompanhar o ritmo. A inteligência artificial (IA) surgiu como uma arma poderosa nesta luta, oferecendo uma abordagem sofisticada à deteção e prevenção de fraudes.

A deteção de fraudes com recurso à IA utiliza algoritmos de aprendizagem automática para analisar grandes quantidades de dados e identificar padrões indicativos de atividade fraudulenta. Estes algoritmos são treinados com base em dados históricos que incluem transacções legítimas e casos anteriores de fraude. Ao aprender as nuances do comportamento normal, o sistema pode sinalizar desvios que podem indicar uma ameaça potencial.

Existem várias técnicas fundamentais utilizadas pela IA na deteção de fraudes

Deteção de anomalias: A IA é excelente na identificação de anomalias em conjuntos de dados. Os montantes das transacções, as localizações, as horas e o comportamento do utilizador são todos examinados. Desvios significativos dos padrões de despesa estabelecidos por um utilizador, como um aumento súbito de compras a partir de um local geograficamente distante, podem desencadear um alerta.

Análise preditiva: A IA pode analisar tendências históricas e o comportamento do cliente para prever transacções futuras. Isto permite ao sistema antecipar actividades suspeitas antes de estas ocorrerem. Por exemplo, se um cliente costuma fazer compras online pequenas e regulares e depois tenta efetuar uma transação de valor elevado no estrangeiro, o sistema pode sinalizá-lo para verificação adicional.

Análise de rede: A IA pode mapear as ligações entre diferentes pontos de dados, descobrindo relações ocultas que podem não ser detectadas pelos métodos tradicionais. Isto pode ser útil para identificar redes de fraude ou ataques coordenados. Por exemplo, se várias contas com utilizadores aparentemente não relacionados apresentarem padrões de despesa semelhantes com origem no mesmo endereço IP, pode ser um sinal de atividade fraudulenta coordenada.

As vantagens da IA na deteção de fraudes

Processamento em tempo real: A IA pode analisar dados em tempo real, permitindo uma intervenção imediata quando é detectada atividade suspeita. Isso minimiza a janela de oportunidade para os fraudadores explorarem as vulnerabilidades.

Adaptabilidade: Os autores de fraudes estão constantemente a desenvolver novos métodos. A capacidade da IA para aprender e adaptar-se é crucial. À medida que o sistema encontra novos pontos de dados, incluindo novas tentativas de fraude, aperfeiçoa os seus algoritmos, melhorando continuamente a sua eficácia.

Escalabilidade: Os sistemas de IA podem lidar com conjuntos de dados maciços de forma eficiente, tornando-os ideais para grandes organizações que processam milhões de transacções diariamente.

Redução de falsos positivos: Os sistemas tradicionais baseados em regras geram frequentemente um elevado número de falsos positivos, o que pode perturbar os utilizadores legítimos. A IA, ao aprender as nuances do comportamento do utilizador, pode reduzir significativamente estes falsos alarmes.

Implementar a IA para a prevenção da fraude

As organizações podem tirar partido da IA para a deteção de fraudes de várias formas:

Monitorização de transacções: A IA pode ser integrada em sistemas de processamento de pagamentos para monitorizar transacções em tempo real, assinalando actividades suspeitas para análise posterior.

Autenticação do cliente: A IA pode analisar tentativas de login para detetar acesso não autorizado. Isso inclui a análise de locais de login, dispositivos usados e horários de login para identificar anomalias.

Pontuação de risco: A IA pode atribuir classificações de risco às transacções com base em vários factores. As transacções que excedam um determinado limiar de risco podem ser sujeitas a etapas de verificação adicionais, como a autenticação multifactor.

Desafios e considerações

Embora a IA ofereça benefícios significativos, há desafios a considerar

Qualidade dos dados: A eficácia dos modelos de IA depende da qualidade dos dados de formação. Dados enviesados ou incompletos podem levar a resultados incorrectos.

Explicabilidade: Alguns modelos de IA, nomeadamente os algoritmos de aprendizagem profunda, podem ser complexos e pouco transparentes. Pode ser difícil compreender por que razão uma transação é assinalada como suspeita.

Preocupações com a privacidade: Os sistemas de IA que analisam grandes quantidades de dados dos utilizadores suscitam preocupações em matéria de privacidade. É crucial garantir a privacidade dos dados e implementar práticas éticas de IA.

O futuro da IA na deteção de fraudes

O futuro da IA na deteção de fraudes é promissor. À medida que a tecnologia de IA continua a evoluir, podemos esperar o aparecimento de técnicas ainda mais sofisticadas. Eis alguns dos potenciais avanços:

Aprendizagem supervisionada com intervenção humana: A colaboração entre analistas humanos e modelos de IA pode conduzir a um sistema mais robusto. Os analistas podem fornecer informações e feedback valiosos para melhorar continuamente as capacidades da IA.

Integração com a biometria comportamental: A IA pode ser integrada com a biometria comportamental, que analisa os padrões de interação do utilizador, como a cadência de digitação e os movimentos do rato. Os desvios dos padrões comportamentais estabelecidos por um utilizador podem reforçar ainda mais a deteção de fraudes.

IA explicável (XAI): A investigação em XAI tem como objetivo desenvolver modelos de IA mais transparentes e fáceis de compreender. Isto será crucial para criar confiança nos sistemas de deteção de fraudes baseados em IA.

Pontuação de crédito e subscrição de empréstimos com aprendizagem automática

Tradicionalmente, as instituições financeiras têm-se baseado em pontuações de crédito e num conjunto limitado de dados financeiros para avaliar a elegibilidade dos empréstimos. No entanto, a ascensão da aprendizagem automática (ML) está a revolucionar a pontuação de crédito e a subscrição de empréstimos, permitindo uma abordagem mais matizada e baseada em dados para a tomada de decisões financeiras.

O poder da aprendizagem automática na pontuação de crédito

A pontuação de crédito é o processo de atribuição de um valor numérico à capacidade de crédito de um mutuário, indicando a sua probabilidade de reembolsar um empréstimo. Os modelos tradicionais de pontuação de crédito baseiam-se fortemente em factores como o historial de crédito, o rácio dívida/rendimento e a situação profissional. Embora estes factores sejam importantes, podem não ter em conta as pessoas com um historial de crédito limitado ou com fontes de rendimento alternativas, como o trabalho independente.

Os algoritmos de ML podem analisar grandes quantidades de dados, incluindo informações tradicionais de agências de crédito, fontes de dados alternativas (por exemplo, pagamentos de facturas de serviços públicos, histórico de arrendamento, análise de fluxo de caixa) e até mesmo o comportamento nas redes sociais (com o devido consentimento). Isto permite obter uma imagem mais abrangente da situação financeira de um mutuário. Eis como o ML se destaca na pontuação de crédito:

Precisão melhorada: Ao analisar uma gama mais alargada de pontos de dados, os modelos de ML podem identificar padrões complexos e prever a capacidade de crédito com maior precisão em comparação com os métodos tradicionais. Isto pode levar a decisões mais justas e a um maior acesso ao crédito para mutuários merecedores que podem ser injustamente penalizados pelos modelos tradicionais.

Inclusão financeira: As pessoas com um historial de crédito limitado, como os jovens adultos ou os imigrantes, têm muitas vezes dificuldade em aceder a produtos financeiros devido a pontuações de crédito baixas. Os modelos de ML podem considerar pontos de dados alternativos para avaliar a sua capacidade de crédito, abrindo portas à inclusão financeira.

Preconceito reduzido: Os modelos tradicionais podem ser susceptíveis a preconceitos humanos baseados em factores como a raça ou o sexo. Os modelos de ML, se treinados em conjuntos de dados imparciais, podem ajudar a mitigar esses preconceitos e promover práticas de empréstimo mais justas.

Aprendizagem automática na subscrição de empréstimos

A subscrição de empréstimos é o processo através do qual os mutuantes avaliam o risco associado a um pedido de empréstimo e determinam as condições de empréstimo adequadas (taxa de juro, montante do empréstimo). O ML desempenha um papel crucial neste processo ao

Tomada de decisões automatizada: Os modelos de ML podem automatizar vários aspectos da subscrição de empréstimos, simplificando o processo e reduzindo o trabalho manual dos subscritores. Isto permite aprovações de empréstimos mais rápidas e uma maior eficiência para as entidades financiadoras.

Avaliação do risco: Os algoritmos de ML podem analisar vastos conjuntos de dados para identificar padrões associados ao incumprimento de empréstimos. Isto permite uma avaliação de risco mais sofisticada, permitindo que os mutuantes adaptem as condições e os preços dos empréstimos com base nos perfis de risco individuais dos mutuários.

Deteção de fraudes: Os modelos de ML podem ser treinados para detetar pedidos de empréstimo fraudulentos, analisando inconsistências nos pontos de dados e identificando padrões de atividade suspeitos. Isto ajuda as instituições de crédito a protegerem-se de perdas financeiras.

Desafios e implementação responsável

Embora o ML ofereça benefícios significativos, há desafios a considerar

Enviesamento de dados: Se os modelos de ML forem treinados em conjuntos de dados enviesados, podem perpetuar práticas de empréstimo injustas. A seleção cuidadosa dos dados e a avaliação dos modelos são cruciais para garantir a equidade e a transparência.

Explicabilidade do modelo: Os modelos complexos de ML podem ser opacos, dificultando a compreensão da forma como chegam às decisões. Este facto pode suscitar preocupações em termos de equidade e responsabilidade. Para resolver este problema, estão a ser desenvolvidas técnicas como a IA explicável (XAI).

Segurança e privacidade dos dados: A utilização de grandes quantidades de dados pessoais suscita preocupações quanto à segurança e à privacidade dos dados. Os mutuantes devem garantir o cumprimento dos regulamentos de proteção de dados e obter o devido consentimento dos mutuários antes de utilizarem os seus dados.

O futuro da pontuação de crédito e da subscrição de empréstimos com o ML

Apesar dos desafios, o ML tem um potencial imenso para o futuro da pontuação de crédito e da subscrição de empréstimos. À medida que a tecnologia continua a evoluir e os regulamentos se adaptam, podemos esperar ver:

Melhoria contínua: Os modelos de ML estão constantemente a aprender e a melhorar. À medida que mais dados são introduzidos no sistema, a pontuação de crédito e a subscrição de empréstimos tornar-se-ão ainda mais precisas e eficientes.

Empréstimos alternativos: O ML pode permitir que os mutuantes alternativos ofereçam opções de empréstimo mais competitivas a mutuários que podem não ser elegíveis para empréstimos tradicionais. Este facto pode promover uma maior concorrência financeira e beneficiar os consumidores.

Quadro regulamentar: Os organismos reguladores estão a desenvolver ativamente quadros para uma utilização responsável da IA nas finanças. Estes quadros ajudarão a garantir a equidade, transparência e práticas de dados responsáveis na pontuação de crédito baseada em ML e na subscrição de empréstimos.

A aprendizagem automática está a revolucionar a pontuação de crédito e a subscrição de empréstimos, permitindo uma abordagem mais inclusiva e baseada em dados para a tomada de decisões financeiras. Ao abordar os desafios e garantir uma implementação responsável, o ML pode abrir novas oportunidades tanto para os mutuantes como para os mutuários, promovendo um cenário financeiro mais eficiente e equitativo.

Melhorar a eficiência operacional nas instituições financeiras com a IA

O sector dos serviços financeiros está a passar por uma transformação significativa impulsionada pela Inteligência Artificial (IA). A IA oferece um poderoso conjunto de ferramentas às instituições financeiras (IF) para simplificar processos, reduzir custos e melhorar a tomada de decisões, conduzindo, em última análise, a uma maior eficiência operacional.

O desafio: Processos manuais e silos de dados

As instituições financeiras tradicionais dependem frequentemente de processos manuais e de mão de obra intensiva para tarefas como a introdução de dados, o processamento de documentos, a integração de clientes e a reconciliação de transacções. Estes processos são propensos a erros humanos, tempos de processamento lentos e custos operacionais acrescidos. Além disso, os dados nas instituições financeiras residem frequentemente em silos, dificultando uma análise abrangente e uma visão holística do comportamento do cliente e da saúde financeira.

A vantagem da IA: Automação, otimização e conhecimentos

A IA oferece uma abordagem multifacetada para melhorar a eficiência operacional nas instituições financeiras. Eis algumas das principais áreas de impacto:

Automatização de processos: As tarefas repetitivas e baseadas em regras, como a introdução de dados, a verificação de documentos (por exemplo, Know Your Customer - KYC) e a geração de relatórios, podem ser automatizadas utilizando a IA e a Robotic Process Automation (RPA). Isto liberta capital humano para tarefas mais complexas que requerem julgamento e interação com o cliente.

Extração e análise de dados: A IA é excelente na extração de informações valiosas de vastos conjuntos de dados. Pode analisar padrões de transação, interacções com clientes e tendências de mercado, permitindo a tomada de decisões com base em dados. Isto pode otimizar a atribuição de recursos, prever as necessidades dos clientes e identificar potenciais riscos.

Chatbots de serviço ao cliente: Os chatbots alimentados por IA podem lidar com inquéritos de rotina dos clientes, responder a perguntas frequentes e fornecer apoio básico à gestão de contas. Isto reduz o ónus dos agentes humanos, permitindo-lhes concentrarem-se em questões complexas dos clientes e na criação de relações.

Deteção e prevenção de fraudes: Os algoritmos de IA podem monitorizar continuamente as transacções e o comportamento do utilizador para identificar anomalias que possam indicar atividade fraudulenta. Esta abordagem proactiva minimiza as perdas financeiras e protege a reputação da instituição financeira.

Avaliação e gestão de riscos: Os modelos de IA podem analisar grandes quantidades de dados financeiros para avaliar a capacidade de crédito, o risco de mercado e o risco operacional com mais precisão. Isto permite às instituições financeiras tomar decisões de empréstimo informadas, gerir eficazmente as exposições financeiras e cumprir os requisitos regulamentares.

Aplicações do mundo real: A IA em ação

Várias instituições financeiras estão a utilizar a IA para obter ganhos significativos de eficiência operacional. Eis alguns exemplos:

Processamento de empréstimos: Os sistemas de subscrição alimentados por IA podem analisar os dados do mutuário e o histórico de crédito em tempo real, acelerando os processos de aprovação de empréstimos. Isto melhora a satisfação do cliente e reduz o tempo necessário para garantir o financiamento.

Negociação algorítmica: Os algoritmos de IA podem analisar as tendências do mercado e executar transacções a alta velocidade, optimizando as estratégias de investimento e reduzindo o impacto das emoções humanas na tomada de decisões.

Manutenção preditiva: A IA pode analisar dados de sensores de infra-estruturas e equipamentos de TI para prever potenciais falhas e programar a manutenção preventiva. Isto minimiza o tempo de inatividade e os custos associados.

Para além da eficiência: A Colaboração Humano-IA

Embora a IA automatize as tarefas e simplifique as operações, é crucial recordar que os conhecimentos humanos continuam a ser essenciais. A IA é melhor utilizada como uma ferramenta para aumentar as capacidades humanas, não para as substituir. Eis como:

Concentrar-se em tarefas de valor acrescentado: A IA liberta os funcionários humanos para se concentrarem em tarefas que exigem criatividade, pensamento crítico e construção de relações com os clientes.

Melhoria da tomada de decisões: A IA fornece informações baseadas em dados que podem informar a tomada de decisões humanas, conduzindo a julgamentos mais precisos e objectivos.

Melhoria da formação e requalificação: À medida que a IA transforma o sector, as IF têm de investir em programas de formação e requalificação para equipar a sua força de trabalho com as competências necessárias para colaborar eficazmente com as ferramentas de IA.

Olhando para o futuro: O futuro da IA nas finanças

A integração da IA nas instituições financeiras ainda está a evoluir, com os avanços contínuos da tecnologia a abrir novas possibilidades. Aqui estão algumas tendências futuras a observar:

IA explicável (XAI): À medida que os modelos de IA se tornam mais complexos, será crucial garantir a transparência e a explicabilidade dos seus processos de tomada de decisões. A XAI irá criar confiança e garantir a conformidade regulamentar.

Personalização da experiência do cliente (CX): A IA pode personalizar as experiências dos clientes, adaptando produtos, serviços e estratégias de marketing com base nas necessidades e preferências individuais.

Banco aberto e integração de IA: As APIs bancárias abertas permitirão que as instituições financeiras aproveitem os serviços de terceiros alimentados por IA para oferecer uma gama mais ampla de soluções financeiras inovadoras aos seus clientes.

A IA oferece um poderoso conjunto de ferramentas para revolucionar a eficiência operacional nas instituições financeiras. Ao automatizar tarefas, otimizar processos e gerar informações valiosas sobre os dados, a IA pode reduzir significativamente os custos, melhorar a gestão do risco e melhorar o serviço ao cliente. À medida que a tecnologia de IA continua a evoluir, as instituições financeiras que adoptam a IA e promovem um ambiente de colaboração entre humanos e IA estarão bem posicionadas para prosperar no dinâmico panorama financeiro do futuro.

CAPÍTULO 6

Processamento de linguagem natural na análise financeira

Jyoti Kataria

Escola de Engenharia e Tecnologia

K. R. Mangalam University, Gurugram, Haryana, Índia

Sandeep Gupta

Departamento de Informática e Engenharia

HRIT, Ghaziabad, Uttar Pradesh, Índia

Introdução

Os mercados financeiros são um ecossistema complexo, impulsionado não só por números concretos, mas também pela psicologia colectiva dos participantes. Esta psicologia, frequentemente designada por sentimento do mercado, pode ter um impacto significativo nos preços dos activos. A análise do sentimento, nomeadamente de artigos noticiosos, surgiu como uma ferramenta poderosa para os investidores compreenderem este estado de espírito do mercado e tomarem decisões informadas.

Compreender o sentimento do mercado

O sentimento do mercado reflecte o estado emocional predominante dos investidores em relação a uma determinada classe de activos, sector ou mercado em geral. Pode ser de alta (otimista), de baixa (pessimista) ou neutro. Um sentimento positivo conduz geralmente a uma pressão de compra, fazendo subir os preços, enquanto um sentimento negativo desencadeia a venda e potenciais quedas de preços.

Tradicionalmente, a avaliação do sentimento do mercado baseava-se em indicadores indirectos como os movimentos de preços, os volumes de negociação e os inquéritos. No entanto, estes métodos ofereciam uma visão limitada e eram frequentemente reactivos.

O papel da análise do sentimento em relação às notícias

A análise do sentimento em relação às notícias colmata esta lacuna, tirando partido do poder do Processamento de Linguagem Natural (PNL) para extrair tons emocionais de artigos noticiosos, publicações nas redes sociais e outras fontes de dados textuais. Os algoritmos de PNL podem identificar sentimentos positivos, negativos ou neutros no texto, proporcionando aos investidores uma compreensão mais direta e em tempo real do sentimento do mercado.

Eis como a análise do sentimento em relação às notícias ajuda na negociação:

Identificar as primeiras mudanças: Os artigos noticiosos prenunciam frequentemente grandes movimentos do mercado. A análise do sentimento pode ajudar os investidores a detetar mudanças subtis no sentimento antes de se traduzirem em movimentos de preços significativos. Por exemplo, um aumento súbito de artigos noticiosos negativos sobre uma empresa específica pode preceder uma descida do preço das acções.

Quantificar o estado de espírito do mercado: A análise do sentimento atribui pontuações numéricas ao sentimento dos artigos noticiosos. Isto permite aos investidores quantificar o estado de espírito geral do mercado e acompanhar as suas alterações ao longo do tempo. Ao analisar as tendências nas pontuações de sentimento, os investidores podem antecipar potenciais pontos de viragem no mercado.

Tomada de decisões informadas: A análise de sentimento permite que os investidores tomem decisões mais informadas, tendo em conta os aspectos emocionais do mercado, juntamente com a análise técnica e fundamental tradicional. Pode ajudar a confirmar os sinais de negociação existentes ou fornecer um aviso prévio de riscos potenciais.

Benefícios da análise do sentimento das notícias

Redução da sobrecarga de informação: O mundo financeiro gera um fluxo constante de notícias. A análise do sentimento das notícias filtra este ruído, destacando os artigos de notícias mais relevantes e emocionalmente carregados, permitindo que os comerciantes se concentrem no que realmente importa.

Tempos de reação mais rápidos: Ao identificar as mudanças de sentimento numa fase inicial, os investidores podem reagir mais rapidamente às mudanças do mercado e potencialmente capitalizar as oportunidades emergentes.

Melhoria da gestão do risco: A análise de sentimento pode ajudar os investidores a identificar potenciais riscos associados a eventos noticiosos negativos e a ajustar as suas posições em conformidade.

Limitações da análise do sentimento em relação às notícias

Embora seja uma ferramenta valiosa, a análise de sentimentos não está isenta de limitações:

Preocupações com a exatidão: A exatidão da análise de sentimentos depende da sofisticação dos algoritmos de PNL utilizados. As nuances e o sarcasmo no texto podem, por vezes, ser mal interpretados.

Manipulação do mercado: As notícias podem ser deliberadamente manipuladas para influenciar o sentimento do mercado. Os investidores devem estar conscientes destas tácticas e ter cuidado.

Profecias auto-realizáveis: Se um grande número de operadores se basear fortemente na análise de sentimentos negativos, isso pode levar a uma profecia auto-realizável, conduzindo os preços para baixo.

Integração da análise do sentimento das notícias nas estratégias de negociação

A análise do sentimento em relação às notícias deve ser utilizada em conjunto com outras ferramentas e técnicas de negociação. Aqui estão algumas dicas para uma integração bem sucedida:

Combinar com a análise técnica e fundamental: A análise de sentimento não deve substituir as formas tradicionais de análise. Deve ser utilizada para aperfeiçoar as estratégias de negociação existentes com base em indicadores técnicos e dados fundamentais da empresa.

Concentre-se em fontes respeitáveis: Dê prioridade às notícias de fontes credíveis com um historial de relatórios precisos. Desconfie de artigos sensacionalistas ou de fontes tendenciosas.

Correlacionar o sentimento com os movimentos de preços: Analisar a forma como as alterações históricas do sentimento se correlacionaram com os movimentos de preços de activos específicos. Isto ajudá-lo-á a compreender o potencial impacto do sentimento nas tendências futuras dos preços.

Não exagere: Não tome decisões impulsivas baseadas apenas na análise de sentimentos. Utilize-a como um guia, tendo em conta outros factores que afectam o mercado.

Extrair informações de relatórios financeiros e dados textuais

Os relatórios financeiros são, desde há muito, a pedra angular da análise financeira. Repletos de dados numéricos, oferecem uma janela para a saúde financeira de uma empresa. No entanto, na atual era da informação, surge uma compreensão mais rica quando combinamos estes números com o poder da análise de dados textuais.

Desmistificando os números: Extração de dados de relatórios financeiros

O primeiro passo consiste em extrair os dados quantitativos propriamente ditos. Os relatórios financeiros incluem normalmente três extractos principais:

Balanço: Um instantâneo dos activos, passivos e capital próprio de uma empresa num determinado momento.

Demonstração de resultados: Resume as receitas, as despesas e o lucro líquido de uma empresa durante um período.

Demonstração dos fluxos de caixa: Detalha o fluxo de entrada e saída de caixa das actividades operacionais, de investimento e de financiamento.

Tradicionalmente, esta extração de dados era um processo manual, propenso a erros e moroso. No entanto, os avanços tecnológicos oferecem ferramentas poderosas para a automatização.

Reconhecimento ótico de caracteres (OCR): Converte documentos digitalizados em texto editável, permitindo uma captura de dados mais fácil.

Algoritmos de reconhecimento de padrões: Identificam e extraem pontos de dados recorrentes nas demonstrações financeiras, simplificando o processo.

Software de análise financeira: O software especializado automatiza a extração de dados de vários formatos de relatórios, melhorando a eficiência e a precisão.

Uma vez extraídos, os dados podem ser ainda mais refinados e organizados em folhas de cálculo ou bases de dados para análise.

Ferramentas como tabelas dinâmicas e software de visualização de dados ajudam a identificar tendências, rácios e correlações nos indicadores financeiros.

Para além dos números: Desvendando a história com a análise textual

Os relatórios financeiros não são apenas números; são narrativas. As secções textuais que os acompanham, como a Análise e Discussão da Gestão (MD&A), a carta do presidente e as notas de rodapé, fornecem informações qualitativas de valor inestimável. Aqui, o Processamento de Linguagem Natural (PNL) entra em ação.

A PNL permite-nos analisar estes dados textuais e extrair o significado oculto. Técnicas como:

Reconhecimento de entidades nomeadas: Identifica e classifica entidades como empresas, produtos e pessoas mencionadas no texto.

Análise do sentimento: Mede o sentimento geral (positivo, negativo ou neutro) expresso no relatório.

Modelação de tópicos: Descobre os temas e discussões subjacentes nos dados textuais.

Ao analisar estes elementos textuais, podemos obter informações valiosas para além dos números brutos. Por exemplo, a análise de sentimentos pode revelar a confiança da administração nas perspectivas futuras. A identificação de tópicos-chave pode destacar iniciativas estratégicas, riscos e oportunidades. Além disso, o reconhecimento de entidades nomeadas pode revelar parcerias, aquisições e outros eventos significativos que podem não ser imediatamente visíveis apenas nos dados financeiros.

O Poder da Convergência: Uma visão holística

A verdadeira magia reside na junção destes dois aspectos. Ao combinar a força quantitativa dos dados financeiros com a riqueza qualitativa da análise textual, obtemos uma compreensão mais holística da saúde financeira e da trajetória futura de uma empresa.

Eis algumas das principais vantagens desta abordagem combinada:

Avaliação de risco melhorada: Os dados textuais podem esclarecer os riscos potenciais que não são facilmente visíveis apenas com base em métricas financeiras. Por exemplo, as discussões sobre acções judiciais ou preocupações regulamentares podem ser assinaladas através da PNL.

Compreensão mais profunda da estratégia empresarial: Ao analisar a narrativa do relatório, podemos obter informações sobre a visão da administração, as iniciativas estratégicas e o cenário competitivo.

Melhoria da avaliação da fiabilidade creditícia: Os dados textuais podem fornecer um contexto valioso para avaliar a solvabilidade de uma empresa, como o seu compromisso com a inovação ou a sua resposta às perturbações do sector.

Decisões de investimento mais informadas: Uma análise abrangente, que combina dados financeiros e informações textuais, permite aos investidores tomar decisões mais informadas sobre potenciais investimentos.

Desafios e considerações

Embora poderosa, esta abordagem não está isenta de desafios:

Qualidade dos dados: A exatidão das informações depende em grande medida da qualidade dos dados financeiros e textuais. Os erros na extração de dados ou as inconsistências nas normas de comunicação podem conduzir a resultados enganadores.

Complexidade: A implementação de técnicas de PNL e de análise de dados pode exigir competências e recursos especializados, o que constitui um obstáculo para as organizações mais pequenas.

Enviesamento do modelo: As ferramentas alimentadas por IA utilizadas para extração e análise de dados podem ser susceptíveis de enviesamento se não forem cuidadosamente concebidas e monitorizadas.

A convergência dos dados financeiros e da análise textual representa um salto significativo na análise financeira. Ao tirar partido do poder da tecnologia, podemos desbloquear conhecimentos mais profundos, obter uma compreensão mais pormenorizada das empresas e, em última análise, tomar decisões baseadas em dados que conduzam a melhores resultados financeiros. À medida que a tecnologia continua a evoluir, podemos esperar o aparecimento de técnicas ainda mais sofisticadas, impulsionando-nos ainda mais para um futuro em que os relatórios financeiros não oferecem apenas dados, mas uma rica tapeçaria de narrativas financeiras à espera de serem exploradas.

Melhorar a conformidade regulamentar através da PNL

A conformidade regulamentar é um aspeto crítico, mas muitas vezes complicado, da atividade em vários sectores. O cenário em constante mudança dos regulamentos, juntamente com o grande volume de documentos baseados em texto envolvidos, cria desafios significativos para as equipas de conformidade. É aqui que o Processamento de Linguagem Natural (PNL) surge como uma força transformadora. O PNL abre um novo nível de eficiência, precisão e gestão proactiva de riscos na navegação pelo labirinto regulamentar.

Compreender o papel da PNL na conformidade

A PNL refere-se ao ramo da inteligência artificial que permite aos computadores compreender e processar a linguagem humana. Ao aplicar algoritmos sofisticados para analisar grandes quantidades de dados de texto, as ferramentas de PNL podem extrair informações importantes, identificar secções relevantes e categorizar regulamentos com base no seu impacto. Isto traduz-se em vários benefícios concretos para as equipas de conformidade:

Gestão automatizada de alterações regulamentares: Manter-se a par das actualizações regulamentares é uma luta constante. A PNL pode automatizar o processo de análise de vastas bases de dados regulamentares e identificar alterações relevantes para as operações de uma organização específica. Isto permite uma abordagem proactiva à conformidade, garantindo uma adaptação rápida à evolução dos regulamentos.

Revisão e classificação aprimoradas de documentos: As montanhas de documentos regulamentares sobrecarregam frequentemente as equipas de conformidade. A PNL pode automatizar o processo de revisão de contratos, políticas e procedimentos para identificar cláusulas relacionadas com regulamentos específicos. Isto reduz significativamente a carga de trabalho manual e liberta os conhecimentos humanos para análises e decisões de nível superior.

Identificação melhorada de riscos regulamentares: A PNL pode analisar documentos regulamentares para identificar potenciais áreas de não conformidade. Ao reconhecer palavras-chave e padrões associados a riscos específicos, as ferramentas de PNL podem assinalar potenciais problemas antes que estes se transformem em penalizações dispendiosas. Esta abordagem proactiva facilita um ambiente regulamentar mais controlado e seguro.

Relatórios regulamentares simplificados: Os organismos reguladores exigem frequentemente relatórios pormenorizados sobre os esforços de conformidade. A PNL pode automatizar o processo de extração de dados relevantes de várias fontes e preencher os relatórios de conformidade com informações precisas. Isto reduz o peso dos relatórios manuais e garante uma maior transparência para os reguladores.

Aplicações da PNL em sectores específicos

O poder transformador da PNL estende-se a várias indústrias com requisitos regulamentares rigorosos:

Serviços financeiros: As instituições financeiras debatem-se com regulamentos complexos como o Know Your Customer (KYC) e o Anti-Money Laundering (AML). A PNL pode analisar dados e transacções de clientes para identificar potenciais riscos relacionados com fraudes ou crimes financeiros. Além disso, a PNL pode ser utilizada para monitorizar as comunicações internas e detetar violações dos regulamentos relativos ao abuso de informação privilegiada.

Cuidados de saúde: O sector da saúde está fortemente regulamentado, com directrizes rigorosas para a privacidade dos dados dos pacientes e a segurança dos medicamentos. A PNL pode analisar dados de ensaios clínicos para identificar potenciais efeitos adversos e garantir a conformidade com os requisitos de comunicação. Além disso, a PNL pode ser utilizada para processar registos médicos de doentes e garantir o cumprimento dos regulamentos relativos à privacidade dos dados.

Fabrico: As empresas de fabrico têm de cumprir os regulamentos relativos à segurança dos produtos e ao impacto ambiental. A PNL pode analisar rótulos de produtos e fichas de dados de segurança para garantir a conformidade com as normas relevantes. Além disso, a PNL pode ser utilizada para monitorizar dados de impacto ambiental e gerar relatórios automatizados para organismos reguladores.

Desafios e considerações na implementação da PNL

Embora a PNL ofereça vantagens significativas, é crucial reconhecer os desafios associados à sua implementação. Eis algumas considerações fundamentais:

Qualidade dos dados: A eficácia das ferramentas de PNL depende em grande medida da qualidade dos dados que são ingeridos. A formatação inconsistente, o jargão técnico e a linguagem ambígua nos documentos regulamentares podem conduzir a resultados incorrectos. É essencial resolver os problemas de qualidade dos dados antes de integrar a PNL.

Formação de modelos e enviesamento: Os modelos de PNL requerem uma formação cuidadosa em conjuntos de dados relevantes para atingir a precisão desejada. No entanto, dados de treino enviesados podem levar a resultados enviesados. É fundamental garantir um conjunto de dados diversificado e representativo para a formação de modelos de PNL utilizados na conformidade.

Supervisão humana: A PNL não deve substituir o julgamento humano na conformidade regulamentar. As ferramentas de PNL são excelentes no processamento de grandes volumes de dados e na identificação de padrões, mas as interpretações complexas e a tomada de decisões críticas continuam a exigir conhecimentos humanos.

O futuro da PNL na conformidade regulamentar

O potencial da PNL na conformidade regulamentar é vasto e está em constante evolução. À medida que os modelos de PNL se tornam mais sofisticados e capazes de lidar com nuances linguísticas complexas, podemos esperar uma automatização e uma precisão ainda maiores na navegação pelo panorama regulamentar. Aqui está um vislumbre do que o futuro nos reserva:

Monitorização e alertas em tempo real: A PNL pode ser integrada em sistemas de monitorização em tempo real para identificar potenciais problemas de conformidade à medida que estes ocorrem. Isto permite uma ação correctiva imediata e minimiza o risco de violações regulamentares.

Dashboards regulamentares personalizáveis: Os dashboards alimentados por PNL podem fornecer uma visão geral abrangente da postura de conformidade de uma organização. Estes dashboards podem apresentar métricas chave, destacar áreas que requerem atenção e acompanhar o progresso ao longo do tempo, permitindo uma gestão proactiva da conformidade.

Integração com sistemas de gestão de alterações regulamentares: As futuras ferramentas de PNL poderão integrar-se perfeitamente nos sistemas de gestão das alterações regulamentares, actualizando automaticamente as políticas e os procedimentos internos para refletir as alterações regulamentares. Isto asseguraria a conformidade contínua com o mínimo de perturbação das operações.

Direcções futuras da PNL nas finanças

O Processamento de Linguagem Natural (PLN) já começou a remodelar o panorama financeiro. Ao permitir que os computadores compreendam e processem a linguagem humana, a PNL automatiza tarefas, gera conhecimentos e personaliza experiências tanto para as instituições financeiras como para os seus clientes. À medida que a tecnologia PNL continua a evoluir, podemos esperar aplicações ainda mais transformadoras nos próximos anos.

Melhoria da eficiência e da gestão do risco

A atual vaga de adoção da PNL nas finanças é caracterizada pela automatização. As ferramentas baseadas em PNL estão a simplificar tarefas como o processamento de documentos, a conformidade regulamentar e as interacções de serviço ao cliente. Por exemplo, os chatbots podem responder a perguntas básicas dos clientes, libertando os agentes humanos para questões mais complexas. Do mesmo modo, a PNL pode extrair automaticamente informações importantes de relatórios financeiros e documentos legais, poupando inúmeras horas de introdução e análise manual de dados.

Olhando para o futuro, a PNL irá aumentar ainda mais a eficiência através da automatização de processos mais complexos. Imagine pedidos de empréstimo analisados e subscritos por sistemas de IA capazes de analisar não só os dados financeiros, mas também a narrativa do candidato - o seu plano de negócios, por exemplo, ou a sua explicação para um erro de crédito anterior. A PNL poderia identificar inconsistências, avaliar factores de risco com maior nuance e até sugerir termos de empréstimo personalizados com base na situação financeira e nos objectivos do candidato.

Aconselhamento financeiro personalizado e negociação algorítmica

A PNL pode personalizar a experiência financeira, analisando os documentos financeiros, os objectivos de investimento e a tolerância ao risco de um utilizador. Com base nestas informações, as plataformas baseadas em PNL podem recomendar produtos de investimento adequados, criar planos financeiros personalizados e fornecer orientações em tempo real sobre a gestão de carteiras.

Além disso, a PNL pode ser aproveitada para a negociação algorítmica. Ao analisar grandes quantidades de notícias financeiras, dados de redes sociais e registos regulamentares, os algoritmos de PNL podem identificar tendências, avaliar o sentimento do mercado e até prever potenciais mudanças no mercado. Esta informação pode ser utilizada para tomar decisões de negociação informadas, conduzindo potencialmente a retornos mais elevados e a um risco reduzido.

A ascensão da IA explicável e a colaboração entre humanos e PNL

No entanto, um desafio crucial nas finanças orientadas para a PNL é a necessidade de explicabilidade. Uma vez que os modelos de IA tomam decisões complexas com base em grandes quantidades de dados, é essencial compreender a lógica subjacente a essas decisões. Isto é particularmente importante no sector financeiro, onde a confiança e a transparência são fundamentais.

O futuro da PNL no sector financeiro reside no desenvolvimento de técnicas de IA explicável (XAI). Ao incorporar os princípios da XAI, os modelos de PNL podem fornecer explicações claras para as suas recomendações, permitindo que os utilizadores humanos compreendam a lógica subjacente e façam escolhas informadas.

Além disso, é provável que no futuro se assista a uma mudança no sentido da colaboração entre humanos e PNL. A PNL não substituirá a perícia financeira humana; em vez disso, aumentá-la-á. Ao automatizar as tarefas quotidianas e ao fornecer informações baseadas em dados em tempo real, a PNL permitirá que os profissionais financeiros se concentrem na tomada de decisões estratégicas de nível superior e nas relações com os clientes.

LP para integração de ESG e deteção de fraudes

Os factores ambientais, sociais e de governação (ESG) estão a tornar-se cada vez mais importantes para os investidores. A PNL pode ser utilizada para analisar relatórios de empresas, artigos de notícias e dados de redes sociais para avaliar o desempenho ESG de uma empresa. Isto pode permitir que os investidores tomem decisões informadas que estejam de acordo com os seus valores e contribuam para um futuro mais sustentável.

Além disso, a PNL pode ser uma ferramenta poderosa para a deteção de fraudes. Ao analisar transacções financeiras e padrões de comunicação, os modelos de PNL podem identificar anomalias que podem indicar atividade fraudulenta. Isto pode ajudar as instituições financeiras a proteger os seus clientes e a reduzir as perdas financeiras.

A PNL e o cenário regulamentar em evolução

O panorama regulamentar financeiro está em constante evolução. A PNL pode desempenhar um papel crucial para ajudar as instituições financeiras a manterem-se em conformidade. As ferramentas baseadas em PNL podem automatizar a gestão das alterações regulamentares, analisando os novos regulamentos em busca de palavras-chave relevantes e identificando áreas em que os processos existentes têm de ser actualizados. Isto pode garantir que as instituições financeiras permaneçam em conformidade com os regulamentos mais recentes, reduzindo o risco de multas e sanções.

Desafios e considerações

Apesar do seu vasto potencial, a PNL no sector financeiro enfrenta vários desafios. A exatidão dos modelos de PNL depende em grande medida da qualidade e da quantidade de dados com que são treinados. Os dados financeiros podem ser complexos e matizados, exigindo técnicas especializadas de preparação de dados. Além disso, a parcialidade dos dados de treino pode levar a modelos de PNL tendenciosos, conduzindo potencialmente a resultados discriminatórios.

Além disso, é necessário ter em conta as considerações éticas. À medida que os modelos de PNL se tornam mais sofisticados, é crucial garantir que sejam utilizados de forma responsável e ética. A transparência, a equidade e a responsabilidade devem ser integradas nos sistemas de PNL para garantir que servem os melhores interesses de todas as partes interessadas no sistema financeiro.

O futuro das finanças é um futuro em que a linguagem desempenha um papel central. A PNL está pronta para revolucionar a forma como as instituições financeiras operam e interagem com os seus clientes. Ao automatizar tarefas, gerar conhecimentos e personalizar experiências, a PNL irá aumentar as capacidades humanas e impulsionar a inovação no sector financeiro. À medida que a tecnologia da PNL continua a evoluir e a superar os seus desafios, podemos esperar um cenário financeiro mais eficiente, personalizado e orientado por dados do que nunca

CAPÍTULO 7

IA e finanças quantitativas

Jyoti Kataria

Escola de Engenharia e Tecnologia

K. R. Mangalam University, Gurugram, Haryana, Índia

Dhiraj Singh Rawat

Departamento de Informática

NIET, Greater Noida, Uttar Pradesh, Índia

Introdução

A negociação quantitativa, também conhecida como quant trading, tira partido do poder da matemática, da estatística e da programação informática para identificar e explorar oportunidades de negociação nos mercados financeiros. Esta abordagem baseada em dados contrasta com a análise fundamental, que se centra na saúde financeira e nas perspectivas futuras de uma empresa. Os operadores quantitativos, ou quants, criam algoritmos complexos que analisam grandes quantidades de dados de mercado para descobrir padrões e tendências que podem escapar ao olho humano.

Conceitos fundamentais

1. Modelos matemáticos: A base da negociação quantitativa reside em modelos matemáticos que traduzem as estratégias de negociação num conjunto de regras. Estes modelos incorporam vários factores, incluindo dados históricos de preços, indicadores técnicos e sentimento do mercado. São utilizadas técnicas estatísticas para avaliar as relações entre estes factores e os potenciais movimentos futuros dos preços.

2. Desenvolvimento de algoritmos: Uma vez formalizada matematicamente uma estratégia quantitativa, esta é transformada num algoritmo - um conjunto de instruções para um programa de computador. Este programa obtém dados de mercado em tempo real, analisa-os com base no modelo definido e gera sinais de transação - ordens de compra ou venda - com base nas oportunidades identificadas.

3. Backtesting e otimização: Um passo crucial na negociação quantitativa é o backtesting. O algoritmo é executado em dados históricos do mercado para avaliar o seu desempenho. Este processo ajuda a avaliar factores como a rentabilidade, a exposição ao risco e a eficácia da estratégia em diferentes condições de mercado. Com base nos resultados do backtesting, o modelo e o algoritmo podem ser aperfeiçoados através de um processo designado por otimização.

4. Negociação de alta frequência (HFT): Um tipo específico de negociação quantitativa é a HFT, que utiliza computadores de alta potência e algoritmos complexos para executar transacções à velocidade da luz. As estratégias de HFT capitalizam as minúsculas ineficiências de preços que existem durante fracções de segundo, exigindo infra-estruturas sofisticadas e algoritmos especializados.

Estratégias Quantitativas Populares

Surgiram várias estratégias quantitativas, cada uma com os seus pontos fortes e fracos. Eis alguns exemplos comuns:

Seguimento de tendências: Estes algoritmos identificam e capitalizam as tendências estabelecidas nos movimentos de preços. As médias móveis e as linhas de tendência são ferramentas populares utilizadas para captar estas tendências.

Reversão à média: Esta estratégia explora os desvios temporários do preço médio histórico de um ativo. O algoritmo compra activos que negoceiam abaixo do seu valor histórico percebido e vende quando os preços atingem níveis sobrevalorizados.

Arbitragem estatística: Esta abordagem procura lucrar com as discrepâncias de preços entre activos semelhantes ou correlacionados. Por exemplo, um algoritmo pode comprar uma ação subvalorizada e simultaneamente vender um contrato de futuros sobrevalorizado para o mesmo ativo subjacente.

Criação de mercado: Estes algoritmos fornecem liquidez ao cotar continuamente os preços de compra e venda de um ativo, lucrando com o spread bid-ask - a diferença entre os dois preços.

Vantagens da negociação quantitativa

Objetividade: As estratégias quantitativas eliminam as emoções do processo de negociação, conduzindo a uma tomada de decisões mais disciplinada.

Velocidade e eficiência: Os algoritmos podem analisar grandes quantidades de dados e executar transacções muito mais rapidamente do que os humanos, permitindo que os quants capitalizem oportunidades fugazes.

Backtesting e Refinamento: A capacidade de fazer backtesting e otimizar estratégias permite uma melhoria contínua e a adaptação às mudanças na dinâmica do mercado.

Gestão do risco: Os modelos quantitativos podem ser concebidos para incorporar técnicas de gestão do risco, definindo ordens stop-loss para limitar as perdas potenciais.

Desafios e considerações

Complexidade: O desenvolvimento e a manutenção de modelos e algoritmos quantitativos requerem uma base sólida em matemática, estatística e programação informática.

Qualidade dos dados: A eficácia das estratégias quantitativas depende em grande medida da qualidade e da exatidão dos dados de mercado subjacentes.

Dinâmica do mercado: Os mercados não são estáticos e acontecimentos imprevistos ou mudanças estruturais podem tornar ineficazes estratégias anteriormente bem sucedidas. O acompanhamento e a adaptação constantes são cruciais.

Custos de transação: A negociação frequente associada a algumas estratégias quantitativas pode incorrer em custos de transação significativos, o que pode provocar a erosão dos lucros.

Cenário regulamentar: O escrutínio regulamentar dos HFT e de outras estratégias quantitativas está a aumentar, e os quants precisam de se manter actualizados sobre a evolução da regulamentação.

A negociação quantitativa oferece uma abordagem sistemática e baseada em dados para explorar as oportunidades de mercado. Através da utilização de modelos matemáticos e de algoritmos sofisticados, os operadores de mercado podem obter resultados superiores aos dos métodos de negociação tradicionais. No entanto, o êxito destas estratégias depende de um conhecimento profundo dos mercados financeiros, de uma infraestrutura sólida e de uma adaptação contínua à evolução da dinâmica do mercado.

Otimização de carteiras e gestão de riscos com IA

Tradicionalmente, a gestão de carteiras tem-se baseado em dados históricos, rácios financeiros e tolerância ao risco dos investidores para construir alocações de activos. Embora estes métodos tenham mérito, o panorama financeiro em constante evolução exige uma abordagem mais dinâmica. A inteligência artificial (IA) está a emergir como uma ferramenta poderosa para a otimização de carteiras e gestão de riscos, oferecendo aos investidores uma vantagem baseada em dados na navegação em mercados complexos.

Libertar o poder da IA

A IA, que engloba a aprendizagem automática (ML) e a aprendizagem profunda, permite a gestão de carteiras através da análise de grandes quantidades de dados para identificar padrões, prever tendências futuras e tomar decisões de investimento informadas. Estes dados podem incluir movimentos históricos de preços, indicadores económicos, análise do sentimento em relação às notícias e fontes de dados alternativas, como as redes sociais. Ao tirar partido da IA, os gestores de carteiras podem:

1. Melhorar a avaliação do risco: Os algoritmos de IA podem ir mais longe do que os métodos tradicionais para avaliar a tolerância ao risco de um investidor. Consideram factores que vão para além da idade e dos rendimentos, tais como objectivos financeiros, aversão ao risco e reacções emocionais às flutuações do mercado. Essa abordagem personalizada leva a um perfil de risco mais preciso, formando a base para um portfólio bem calibrado.

2. Otimizar a afetação de activos: A Teoria Moderna do Portfólio (MPT) tradicional baseia-se em dados históricos, que nem sempre podem prever o desempenho futuro. Os modelos alimentados por IA podem incorporar uma gama mais ampla de variáveis, incluindo o sentimento do mercado, eventos geopolíticos e fontes de dados alternativas, levando a alocações de ativos mais dinâmicas e potencialmente mais lucrativas.

3. Diversificação avançada: A IA pode identificar correlações ocultas entre activos que podem não ser detectadas pela análise humana. Isto permite a criação de carteiras mais diversificadas, que são menos susceptíveis às quedas do mercado em sectores específicos. Ao afetar estrategicamente activos com baixa correlação, os investidores podem conseguir uma redução do risco sem sacrificar os potenciais rendimentos.

4. Planeamento de cenários e testes de esforço: A IA pode ser utilizada para simular vários cenários de mercado, incluindo recessões económicas, subidas das taxas de juro e crises geopolíticas. Ao testar o stress das carteiras face a estas situações hipotéticas, os investidores podem compreender os riscos potenciais e ajustar as suas afectações em conformidade.

5. Monitorização e reequilíbrio em tempo real: Os algoritmos de IA podem monitorizar continuamente os movimentos do mercado e os dados económicos, fazendo ajustes em tempo real à carteira. Esta abordagem dinâmica garante que a carteira se mantém alinhada com a tolerância ao risco do investidor e com a evolução das condições de mercado, conduzindo potencialmente a um melhor desempenho.

Principais técnicas de IA na gestão de carteiras

Aprendizagem automática: Os algoritmos de aprendizagem automática aprendem com dados históricos para identificar padrões e relações entre diferentes classes de activos. Isto permite-lhes prever retornos futuros e riscos associados a várias opções de investimento.

Aprendizagem profunda: Esta técnica avançada utiliza redes neurais artificiais para analisar relações complexas e não lineares em dados financeiros. Os modelos de aprendizagem profunda podem revelar conhecimentos ocultos que podem escapar aos algoritmos mais simples, conduzindo a estratégias de investimento mais sofisticadas.

Processamento de linguagem natural (PNL): A PNL permite à IA analisar artigos noticiosos, sentimentos nas redes sociais e outros dados textuais para avaliar o sentimento do mercado e potenciais mudanças económicas. Esta informação pode então ser incorporada nas decisões da carteira.

Aprendizagem por reforço: Esta técnica envolve o treino de modelos de IA através de simulações de tentativa e erro. O modelo aprende com os seus sucessos e fracassos, aperfeiçoando constantemente o seu processo de tomada de decisões para a otimização da carteira.

Vantagens da gestão de carteiras baseada em IA

Melhoria dos rendimentos ajustados ao risco: Ao otimizar a atribuição de activos e gerir dinamicamente os factores de risco, a IA pode potencialmente conduzir a retornos mais elevados para um determinado nível de tolerância ao risco.

Redução do enviesamento emocional: As emoções humanas podem toldar o julgamento durante a volatilidade do mercado. A IA elimina as influências emocionais, conduzindo a decisões de investimento mais disciplinadas e baseadas em dados.

Transparência melhorada: Os modelos de IA podem fornecer relatórios detalhados e visualizações que explicam a lógica subjacente às decisões de afetação de activos. Esta transparência promove a confiança e a compreensão entre investidores e gestores de carteiras.

Acessibilidade e escalabilidade: As ferramentas de gestão de carteiras alimentadas por IA estão a tornar-se cada vez mais acessíveis a um leque mais alargado de investidores, democratizando estratégias de investimento sofisticadas.

Desafios e considerações

Dependência de dados: A eficácia dos modelos de IA depende em grande medida da qualidade e da quantidade de dados utilizados para a formação. Dados imprecisos ou incompletos podem levar a decisões de investimento não optimizadas.

Explicabilidade do modelo: Embora os modelos de IA possam oferecer informações valiosas, a sua natureza de "caixa negra" pode dificultar a compreensão do raciocínio exato subjacente às suas recomendações. A transparência é crucial para que os investidores mantenham a confiança no sistema.

Cenário regulamentar: À medida que a IA se torna mais difundida nos mercados financeiros, os quadros regulamentares terão de se adaptar para abordar questões como o enviesamento algorítmico e a potencial manipulação.

Experiência humana: A IA não é um substituto para os consultores financeiros humanos, mas sim uma ferramenta poderosa para aumentar os seus conhecimentos. Embora a IA se destaque na análise de dados e no reconhecimento de padrões, o julgamento humano continua a ser vital para compreender a dinâmica complexa do mercado e tomar decisões estratégicas de investimento adaptadas às circunstâncias individuais.

Modelação financeira e simulações de Monte Carlo

A modelação financeira é a pedra angular da tomada de decisões financeiras. Envolve a construção de uma representação digital de um cenário financeiro, como os fluxos de caixa futuros de uma empresa, os potenciais retornos de um investimento ou a rentabilidade de um projeto. Estes modelos utilizam fórmulas e funções para traduzir os pressupostos financeiros em resultados quantitativos, permitindo aos analistas avaliar a viabilidade e os riscos potenciais de vários empreendimentos financeiros.

No entanto, existem incertezas inerentes ao mundo financeiro. As flutuações do mercado, as mudanças económicas e os acontecimentos imprevistos podem ter um impacto significativo nos resultados financeiros. Embora os modelos financeiros tradicionais forneçam estimativas pontuais, muitas vezes ignoram o leque de possibilidades que podem surgir. É aqui que as simulações de Monte Carlo entram em ação.

Modelação financeira: A base

Os modelos financeiros podem ser classificados em três tipos principais

Modelos de Fluxo de Caixa Descontado (DCF): Estes modelos estimam o valor intrínseco de um investimento considerando os seus fluxos de caixa futuros, descontados para o seu valor atual.

Modelos de orçamentação de capital: Estes modelos ajudam as empresas a avaliar potenciais investimentos através da análise dos fluxos de entrada e saída de caixa projectados. Métricas como o Valor Atual Líquido (VAL) e a Taxa Interna de Rentabilidade (TIR) são utilizadas para comparar opções de investimento.

Modelos de previsão de demonstrações financeiras: Estes modelos projectam o desempenho financeiro futuro de uma empresa, incluindo receitas, despesas e rentabilidade, com base em dados históricos e pressupostos sobre tendências futuras.

Os modelos financeiros são construídos utilizando software de folha de cálculo como o Microsoft Excel ou ferramentas especializadas de modelação financeira. Incorporam vários elementos:

Entradas: São os pressupostos e as variáveis que orientam o modelo, tais como as taxas de crescimento das receitas, as taxas de desconto e as despesas operacionais.

Fórmulas: Estas equações matemáticas traduzem entradas em saídas, efectuando cálculos como a análise do valor atual e os rácios de rentabilidade.

Saídas: Estes são os resultados finais gerados pelo modelo, como o VAL, a TIR ou as demonstrações financeiras previstas.

Simulações de Monte Carlo: Abraçando a incerteza

A abordagem tradicional de utilização de estimativas pontuais em modelos financeiros pode ser limitativa. As simulações de Monte Carlo resolvem este problema introduzindo um elemento probabilístico. Com o nome da famosa estância de casino no Mónaco, esta técnica utiliza a amostragem aleatória para simular uma vasta gama de resultados possíveis para um modelo financeiro.

Eis como funciona

Identificar variáveis incertas: O analista define as variáveis do modelo que estão sujeitas a incerteza. Isto pode incluir factores como retornos futuros do mercado, taxas de câmbio ou o crescimento das vendas de uma empresa.

Distribuições de probabilidade: Para cada variável incerta, é atribuída uma distribuição de probabilidade. Esta distribuição define a probabilidade de cada valor possível que a variável pode assumir. As distribuições mais comuns utilizadas incluem distribuições normais (curva de sino), distribuições triangulares (representando os valores mínimo, mais provável e máximo) e distribuições baseadas em dados históricos.

Amostragem aleatória: O motor de simulação recolhe aleatoriamente amostras de valores para cada variável incerta a partir das respectivas distribuições de probabilidade. Isto cria um único cenário, representando um resultado futuro possível.

Iteração e saída: A simulação repete os passos 2 e 3 milhares, ou mesmo milhões, de vezes, gerando um vasto número de cenários. Para cada cenário, o modelo financeiro é calculado, fornecendo uma distribuição de resultados potenciais. Esta distribuição permite que os analistas avaliem a gama de possibilidades, incluindo os cenários mais favoráveis, mais desfavoráveis e mais prováveis.

Vantagens das Simulações de Monte Carlo

Avaliação de riscos: Ao simular vários cenários, as simulações de Monte Carlo fornecem uma imagem mais clara dos riscos potenciais associados a uma decisão financeira. Os analistas podem identificar os piores resultados e avaliar a sensibilidade do modelo a alterações nos pressupostos principais.

Tomada de decisões: A compreensão do leque de possibilidades permite uma tomada de decisões mais informada. Em vez de se basearem apenas numa estimativa pontual, os investidores e as empresas podem fazer escolhas com uma melhor compreensão dos resultados potenciais.

Comunicação melhorada: Os resultados probabilísticos das simulações de Monte Carlo podem ser comunicados de forma eficaz às partes interessadas, fornecendo uma imagem mais matizada dos potenciais riscos e recompensas em comparação com as estimativas pontuais tradicionais.

Considerações e limitações

Dependência do modelo: A eficácia das simulações de Monte Carlo depende em grande medida da exatidão do modelo financeiro subjacente e das distribuições de probabilidade escolhidas. Um modelo mal construído produzirá resultados pouco fiáveis.

Custo computacional: A execução de milhares ou milhões de simulações pode ser computacionalmente intensiva, especialmente para modelos complexos. Poderá ser necessário software especializado ou computadores de alta potência.

Interpretação: A análise da grande quantidade de dados gerados pelas simulações requer conhecimentos de análise estatística. É crucial interpretar os resultados e tirar conclusões significativas.

Aplicações em modelação financeira

As simulações de Monte Carlo têm inúmeras aplicações na modelação financeira:

Análise de investimentos: Os investidores podem utilizar simulações para avaliar os potenciais rendimentos e riscos associados a uma carteira de investimentos.

Avaliação de projectos: As empresas podem utilizar simulações para avaliar a gama de resultados potenciais para um projeto de capital, considerando factores como as flutuações do mercado e o projeto

Explorar as fronteiras da IA na negociação quantitativa

A inteligência artificial (IA) está a transformar rapidamente a negociação quantitativa, alargando os limites do que é possível na procura de alfa de mercado. Enquanto as estratégias quantitativas tradicionais se baseiam em modelos e algoritmos pré-definidos, a IA introduz um novo nível de sofisticação, permitindo o desenvolvimento de sistemas adaptativos e de auto-aprendizagem que podem identificar padrões complexos e explorar oportunidades fugazes.

As capacidades de mudança de jogo da IA

A IA oferece várias capacidades de mudança de jogo que estão a revolucionar a negociação quantitativa:

1. Aprendizagem profunda para um melhor reconhecimento de padrões: Os algoritmos de aprendizagem profunda, inspirados na estrutura e função do cérebro humano, são excelentes no reconhecimento de padrões complexos em grandes quantidades de dados. Isto permite-lhes descobrir relações subtis nos dados de mercado que poderiam ser ignoradas pelos modelos estatísticos tradicionais. A IA pode analisar não só dados numéricos, como movimentos de preços e volumes de transacções, mas também dados não estruturados, como artigos noticiosos, sentimento nas redes sociais e imagens de satélite, proporcionando uma visão mais holística das forças do mercado.

2. Aprendizagem por reforço para estratégias adaptativas: Os algoritmos de aprendizagem por reforço aprendem por tentativa e erro, interagindo com um ambiente de negociação simulado e recebendo recompensas por decisões lucrativas. Isto permite-lhes desenvolver as suas próprias estratégias de negociação, adaptando-se continuamente à evolução das condições de mercado sem necessidade de programação explícita. Esta abordagem permite que a IA explore um vasto espaço de estratégias potenciais, descobrindo potencialmente oportunidades imprevistas que não foram aproveitadas pelos analistas humanos.

3. Negociação algorítmica com intuição semelhante à humana: Embora os modelos quantitativos tradicionais sejam excelentes na tomada de decisões com base em regras, muitas vezes têm dificuldade em captar as nuances e a intuição de operadores humanos experientes. As técnicas emergentes de IA, como os sistemas neuro-fuzzy, combinam os pontos fortes das redes neuronais com a lógica fuzzy, permitindo que o sistema imite a intuição humana em situações de mercado complexas. Isto pode conduzir a estratégias de negociação mais robustas e adaptáveis.

4. Negociação de alta frequência em esteróides: A IA pode melhorar significativamente o HFT, optimizando a execução de ordens e identificando oportunidades de arbitragem a um ritmo ainda mais rápido. Os algoritmos de aprendizagem profunda podem analisar a microestrutura do mercado, a dinâmica dos spreads bid-ask e o fluxo de ordens, para obter uma vantagem na negociação de ultra-alta frequência.

Aplicações da IA em finanças quantitativas

As aplicações da IA nas finanças quantitativas são vastas e estão em constante evolução. Eis alguns exemplos proeminentes:

Gestão algorítmica de carteiras: A IA pode ser utilizada para construir e gerir dinamicamente carteiras de investimento, tendo em conta as tolerâncias de risco individuais, as condições de mercado e os objectivos de investimento a longo prazo. A aprendizagem profunda pode analisar o comportamento passado e a situação financeira de um investidor para adaptar uma carteira que se alinhe com o seu perfil de risco e objectivos financeiros.

Previsão de mercados e gestão de riscos: Os modelos de IA treinados com base em vastos dados históricos podem tentar prever futuros movimentos do mercado e identificar potenciais riscos. Embora a previsão perfeita do mercado continue a ser difícil de alcançar, a IA pode fornecer informações valiosas para que os quants aperfeiçoem as suas estratégias de negociação e implementem técnicas de gestão de riscos mais eficazes.

Deteção de fraudes e identificação de anomalias algorítmicas: A IA pode ser utilizada para detetar actividades fraudulentas nos mercados financeiros, analisando padrões de negociação e identificando desvios invulgares em relação ao comportamento esperado. Além disso, a IA pode detetar anomalias na negociação algorítmica, ajudando a evitar falhas repentinas e outras perturbações do mercado causadas por algoritmos com mau funcionamento.

5. Integração com plataformas de negociação algorítmica: As ferramentas baseadas em IA estão a ser integradas nas plataformas de negociação algorítmicas existentes, proporcionando aos quants uma interface de fácil utilização para desenvolver, testar e implementar estratégias de negociação baseadas em IA. Isto permite-lhes tirar partido do poder da IA sem necessitarem de conhecimentos aprofundados em algoritmos de aprendizagem automática ou de aprendizagem profunda.

Desafios e considerações

Embora a IA seja uma promessa imensa para a negociação quantitativa, subsistem desafios significativos:

Qualidade dos dados e enviesamento: Os algoritmos de IA são altamente susceptíveis à qualidade e ao enviesamento inerentes aos dados em que são treinados. Dados tendenciosos podem levar a modelos tendenciosos e a decisões de negociação potencialmente desastrosas. As instituições financeiras precisam de garantir a integridade e a equidade dos dados utilizados para treinar modelos de IA.

Explicabilidade e transparência: A natureza de "caixa negra" de alguns algoritmos de aprendizagem profunda pode dificultar a compreensão de como chegam às suas decisões. Esta falta de transparência pode ser problemática do ponto de vista regulamentar e pode dificultar a identificação e a resolução de potenciais enviesamentos no modelo.

Considerações éticas: A natureza de alta frequência da negociação baseada em IA levanta preocupações éticas sobre a equidade e a manipulação do mercado. As entidades reguladoras têm de desenvolver quadros para garantir que a IA é utilizada de forma ética e responsável nos mercados financeiros.

A IA está, sem dúvida, a inaugurar uma nova era para a negociação quantitativa. Ao alavancar a sua capacidade de aprender com grandes quantidades de dados, adaptar-se à dinâmica do mercado em mudança e identificar padrões complexos, a IA tem o potencial de desbloquear novos níveis de inteligência de mercado.

CAPÍTULO 8

Inclusão financeira e soluções baseadas em IA

Jyoti Kataria

Escola de Engenharia e Tecnologia

K. R. Mangalam University, Gurugram, Haryana, Índia

Sudesh Singh

Departamento de Informática

NIET, Greater Noida, Uttar Pradesh, Índia

Introdução

A inclusão financeira, o processo que consiste em garantir que todos tenham acesso a produtos e serviços financeiros acessíveis e adequados, continua a ser um desafio significativo a nível mundial. Milhões de pessoas não têm acesso a serviços bancários básicos, como contas de poupança, crédito e seguros, o que dificulta a sua capacidade de poupar, investir e construir segurança financeira. A inteligência artificial (IA) surgiu como uma ferramenta poderosa com potencial para colmatar esta lacuna e democratizar o acesso aos serviços financeiros.

Derrubar barreiras: Como a IA pode expandir a inclusão financeira

A IA oferece uma abordagem multifacetada para expandir a inclusão financeira, abordando os principais obstáculos enfrentados pelas populações não bancarizadas e sub-bancarizadas:

Pontuação de crédito e avaliação de risco: Os modelos tradicionais de pontuação de crédito baseiam-se frequentemente no historial de crédito, deixando excluídos aqueles que não têm um historial bancário formal. A IA pode analisar fontes de dados alternativas, como padrões de utilização de telemóveis, contas de serviços públicos e atividade nas redes sociais, para criar avaliações de crédito mais inclusivas. Isso permite que os credores identifiquem indivíduos dignos de crédito que não se qualificariam de acordo com os métodos tradicionais.

Integração automatizada e gestão de contas: Os chatbots alimentados por IA podem simplificar o processo de abertura de conta, tornando mais rápido e fácil para os indivíduos acederem a serviços financeiros básicos. Os chatbots podem orientar os utilizadores através de aplicações, responder a perguntas e verificar identidades, eliminando barreiras geográficas e linguísticas.

Produtos e serviços financeiros personalizados: Os algoritmos de IA podem analisar dados financeiros e hábitos de despesa para recomendar produtos e serviços financeiros personalizados, adaptados às necessidades individuais. Isto pode incluir microempréstimos, contas de micro-poupança ou opções de investimento adaptadas aos níveis de rendimento e tolerância ao risco.

Literacia e educação financeira: Os chatbots e os assistentes virtuais alimentados por IA podem fornecer educação sobre literacia financeira de uma forma fácil e acessível. Estas ferramentas podem fornecer conteúdos educativos nas línguas locais, responder a questões financeiras básicas e oferecer dicas de orçamentação e gestão de dinheiro.

Deteção de fraudes e segurança financeira: Os algoritmos de IA podem analisar padrões de transação e identificar actividades suspeitas, protegendo os utilizadores de fraudes e burlas. Isto é particularmente importante para os novos utilizadores do sistema financeiro, que podem ser mais vulneráveis a práticas predatórias.

Eis alguns exemplos específicos de como a IA está a ser aproveitada para expandir a inclusão financeira:

Banca sem agências: As aplicações bancárias móveis alimentadas por IA podem fornecer serviços financeiros básicos em áreas remotas onde as agências bancárias físicas são escassas. Estas aplicações permitem aos utilizadores depositar, levantar e transferir fundos, bem como aceder a outros serviços como pagamentos de contas e transferências de dinheiro móveis.

Microfinanciamento com IA: As plataformas alimentadas por IA podem avaliar a solvabilidade dos microempréstimos, permitindo às instituições financeiras chegar a um público mais vasto de potenciais mutuários com níveis de rendimento mais baixos e um historial de crédito limitado.

Robo-conselheiros para os sub-bancários: Os robo-consultores alimentados por IA podem oferecer consultoria de investimento e gestão de carteiras a indivíduos que podem não ter acesso aos serviços tradicionais de gestão de património. Estas ferramentas são normalmente mais económicas do que os consultores humanos, tornando-as acessíveis a um grupo demográfico mais vasto.

Desafios e considerações para a inclusão financeira baseada na IA

Embora a IA tenha um potencial imenso para a inclusão financeira, há desafios que precisam de ser resolvidos:

Viés de dados: os modelos de IA são tão bons quanto os dados em que são treinados. Os vieses presentes nos dados podem levar a resultados discriminatórios, potencialmente excluindo certas populações do acesso a serviços financeiros. A curadoria cuidadosa dos dados e a monitorização contínua são cruciais para mitigar o enviesamento.

Explicabilidade algorítmica: Os complexos processos de tomada de decisão dos modelos de IA podem ser opacos, dificultando a compreensão do facto de ter sido negado a um indivíduo um empréstimo ou outro serviço financeiro. As técnicas de IA explicáveis são cruciais para criar confiança e transparência no sistema.

Fosso digital: O acesso limitado à tecnologia e à Internet pode prejudicar a eficácia das iniciativas de inclusão financeira baseadas em IA. É essencial colmatar o fosso digital através do desenvolvimento de infra-estruturas e do acesso à Internet a preços acessíveis.

Preocupações com a privacidade: A utilização de dados pessoais em modelos de IA suscita preocupações em matéria de privacidade e segurança. Uma regulamentação sólida em matéria de proteção de dados e o consentimento dos utilizadores são cruciais para criar confiança e garantir um desenvolvimento responsável da IA.

O caminho a seguir: Uma abordagem colaborativa à inclusão financeira com IA

A expansão da inclusão financeira através da IA exige uma abordagem de colaboração que envolva várias partes interessadas:

Instituições financeiras: Os bancos, as empresas de fintech e outras instituições financeiras precisam de investir no desenvolvimento e na implementação de soluções baseadas em IA adaptadas às necessidades das populações não bancarizadas e sub-bancarizadas.

Decisores políticos: Os governos podem desempenhar um papel fundamental ao criarem um ambiente propício à inovação da IA nos serviços financeiros. Isto inclui o desenvolvimento de quadros regulamentares que promovam a utilização responsável da IA, fomentando a colaboração entre instituições financeiras e empresas tecnológicas e promovendo iniciativas de literacia digital.

Organizações sem fins lucrativos: As ONGs e outras organizações sem fins lucrativos podem trabalhar com as comunidades para aumentar a consciencialização sobre os serviços financeiros baseados em IA, colmatar o fosso digital e educar os indivíduos sobre como aproveitar estas ferramentas para a capacitação financeira.

Plataformas de microfinanciamento e de empréstimos entre pares

A inclusão financeira, a capacidade de aceder a serviços financeiros essenciais, continua a ser um desafio para milhões de pessoas em todo o mundo. Os bancos tradicionais ignoram frequentemente as pessoas e as pequenas empresas consideradas "não bancáveis" devido a um historial de crédito limitado ou a baixos rendimentos. É nesta lacuna que as plataformas de microfinanciamento e de empréstimos peer-to-peer (P2P) surgem como soluções inovadoras, transformando os cenários financeiros e capacitando as populações carenciadas.

Microfinanças: Pequenos empréstimos, grande impacto

O termo microfinanciamento refere-se à prestação de serviços financeiros como empréstimos, contas de poupança e transferências de dinheiro a indivíduos e microempresários com baixos rendimentos. Estes serviços não estão normalmente disponíveis nos sistemas bancários convencionais devido à perceção de um risco elevado e de uma baixa rendibilidade. As instituições de microfinanciamento (IMF) especializam-se na prestação de serviços a este segmento, operando frequentemente em economias em desenvolvimento.

Princípios fundamentais das microfinanças

Microempréstimos: As IMF concedem pequenos empréstimos, normalmente entre algumas centenas e alguns milhares de dólares, para apoiar actividades geradoras de rendimentos.

Empréstimos a grupos: Os microempréstimos são frequentemente concedidos a grupos com responsabilidade conjunta. Isto encoraja o reembolso e promove um sentido de comunidade e apoio.

Foco nas mulheres: As mulheres são um alvo fundamental das iniciativas de microfinanciamento, uma vez que demonstram frequentemente taxas de reembolso elevadas e reinvestem os lucros nas suas famílias e comunidades.

Educação financeira: As IMF fornecem frequentemente formação em literacia financeira juntamente com os empréstimos, capacitando os mutuários a gerir eficazmente as suas finanças.

Impacto do microfinanciamento

Redução da pobreza: Ao permitir que os indivíduos iniciem ou expandam negócios, o microfinanciamento cria oportunidades de geração de rendimentos, tirando as famílias da pobreza.

Empoderamento das mulheres: O acesso aos recursos financeiros confere às mulheres mais poder, dando-lhes maior controlo sobre as suas finanças e aumentando a sua participação na esfera económica.

Criação de emprego: O microfinanciamento promove o crescimento das pequenas empresas, conduzindo à criação de emprego e ao desenvolvimento económico das comunidades.

Impacto social: O aumento da segurança do rendimento conduz a melhores padrões de vida, a um melhor acesso aos cuidados de saúde e à educação e a um bem-estar social geral.

Plataformas de empréstimo entre pares: Uma perturbação moderna

As plataformas de empréstimos P2P utilizam a tecnologia para ligar os mutuários diretamente aos mutuantes, contornando as instituições financeiras tradicionais. Estas plataformas online actuam como intermediários, facilitando os pedidos de empréstimo, as avaliações de crédito e o processamento das transacções.

Como funcionam os empréstimos P2P

Mutuários: As pessoas ou empresas que pretendem obter empréstimos criam perfis na plataforma, descrevendo as suas necessidades financeiras e o objetivo do empréstimo.

Listagem de empréstimos: Os mutuários especificam o montante do empréstimo, a taxa de juro e as condições de reembolso.

Credores: Os investidores consultam as listas de empréstimos e optam por financiar os empréstimos que correspondem à sua tolerância ao risco e aos seus objectivos de investimento.

Facilitação da plataforma: A plataforma P2P facilita as transacções seguras, recolhe os reembolsos dos empréstimos dos mutuários e distribui-os aos mutuantes juntamente com os juros ganhos.

Benefícios dos empréstimos P2P

Acessibilidade: As plataformas P2P oferecem uma alternativa aos mutuários que podem não ser elegíveis para empréstimos tradicionais devido a um historial de crédito limitado.

Taxas competitivas: Os mutuários podem potencialmente aceder a taxas de juro mais baixas do que as oferecidas pelos bancos, enquanto os mutuantes podem obter rendimentos mais elevados em comparação com as contas de poupança tradicionais.

Transparência: As plataformas P2P fornecem aos mutuários e mutuantes informações claras sobre os termos dos empréstimos, as taxas de juro e os perfis dos mutuários.

Eficiência: O processo de candidatura online e as funcionalidades automatizadas simplificam o processamento do empréstimo, beneficiando tanto os mutuários como os mutuantes.

Convergência e colaboração: Microfinanciamento e P2P

Embora as microfinanças e os empréstimos P2P operem em espaços algo distintos, há uma sinergia e colaboração crescentes entre os dois modelos. Eis como se podem complementar mutuamente:

Chegar a novos mutuários: As plataformas P2P podem alargar o alcance do microfinanciamento, proporcionando acesso a um conjunto mais vasto de investidores globais.

Tomada de decisões com base em dados: As plataformas P2P podem tirar partido da análise de dados para melhorar a avaliação do crédito para os mutuários de microfinanciamento.

Inovação tecnológica: As inovações tecnológicas associadas aos empréstimos P2P podem simplificar as operações de microfinanciamento e reduzir os custos administrativos.

Diversificação para os mutuantes: As plataformas P2P oferecem empréstimos microfinanceiros como uma oportunidade de investimento alternativa para os mutuantes que procuram diversificação.

Desafios e considerações

Apesar do seu potencial, tanto o microfinanciamento como os empréstimos P2P enfrentam desafios

Sustentabilidade: As instituições de microfinanciamento precisam de equilibrar o impacto social com a viabilidade financeira para garantir a sustentabilidade a longo prazo.

Regulamentação: A regulamentação das plataformas P2P é crucial para proteger os mutuantes de actividades fraudulentas e garantir práticas de empréstimo responsáveis.

Acesso à tecnologia: O acesso limitado à tecnologia em algumas comunidades carenciadas pode dificultar a participação em plataformas de empréstimos P2P.

Gestão do risco: Tanto o microfinanciamento como os empréstimos P2P envolvem inerentemente o risco de incumprimento dos empréstimos, exigindo uma avaliação sólida dos riscos e estratégias de mitigação.

Soluções baseadas em IA para combater a desigualdade financeira

A desigualdade financeira continua a ser um desafio persistente em todo o mundo. O fosso entre os ricos e os que não têm conta bancária continua a aumentar, limitando o acesso a serviços financeiros essenciais e dificultando a mobilidade económica. A inteligência artificial (IA) apresenta uma oportunidade única para colmatar este fosso, oferecendo soluções inovadoras que capacitam os indivíduos e promovem a inclusão financeira.

Compreender a desigualdade financeira

A desigualdade financeira manifesta-se de várias formas

Acesso limitado a serviços financeiros: Milhões de pessoas não têm acesso a serviços bancários básicos, como contas correntes, cartões de crédito e empréstimos. Isto pode prender os indivíduos num ciclo de dependência de dívidas de credores predatórios.

Práticas de empréstimo predatórias: Os empréstimos do dia de pagamento e os cartões de crédito com juros elevados exploram a vulnerabilidade financeira, conduzindo a um efeito de bola de neve de dívidas.

Falta de literacia financeira: Muitas pessoas não possuem os conhecimentos e as competências necessárias para gerir eficazmente as suas finanças, o que as torna susceptíveis a burlas e a más decisões financeiras.

Preconceito algorítmico: As instituições financeiras tradicionais podem, sem saber, perpetuar a discriminação através de algoritmos tendenciosos utilizados na aprovação de empréstimos ou na pontuação de crédito.

Como a IA pode colmatar o fosso

A IA oferece um poderoso conjunto de ferramentas para abordar estas questões e promover a inclusão financeira. Eis algumas aplicações prometedoras:

Pontuação de crédito com IA: Os modelos tradicionais de pontuação de crédito baseiam-se frequentemente em dados limitados, excluindo as pessoas com um historial de crédito limitado. Os modelos alimentados por IA podem incorporar fontes de dados alternativas, como facturas de serviços públicos e pagamentos de rendas, fornecendo uma visão mais holística da capacidade de crédito e expandindo o acesso ao crédito para as pessoas sem conta bancária.

Plataformas de microempréstimos: A IA pode ser utilizada para desenvolver e gerir plataformas de microempréstimos que atendam a indivíduos e pequenas empresas excluídos dos sistemas bancários tradicionais. Estas plataformas podem tirar partido da IA para avaliar a solvabilidade de forma eficiente e oferecer empréstimos pequenos e acessíveis para promover a independência financeira.

Planeamento financeiro automatizado: Os chatbots e assistentes virtuais com tecnologia de IA podem fornecer aconselhamento financeiro personalizado e ferramentas de orçamentação. Estas ferramentas podem ser adaptadas às circunstâncias individuais e aos níveis de rendimento, oferecendo orientação sobre poupança, gestão da dívida e estratégias de investimento.

Deteção de fraudes e gestão de riscos: Os algoritmos de IA são excelentes na análise de vastos conjuntos de dados e na identificação de padrões. Isto pode ser utilizado para detetar actividades fraudulentas, especialmente no contexto de práticas de empréstimo predatórias, protegendo os indivíduos vulneráveis da exploração financeira.

Educação para a literacia financeira: A IA pode personalizar os programas de educação financeira, fornecendo conteúdos em formatos envolventes, como simulações interactivas e gamificação. Isto pode capacitar as pessoas a tomar decisões financeiras informadas e a navegar em produtos financeiros complexos.

Exemplos em ação

Várias iniciativas demonstram o potencial da IA para a inclusão financeira:

Zidisha: Esta plataforma de empréstimos peer-to-peer utiliza a IA para avaliar a solvabilidade nos países em desenvolvimento, permitindo que os indivíduos contornem os bancos tradicionais e acedam a microempréstimos para empreendimentos comerciais.

Robo-consultores: Estas plataformas de investimento automatizadas utilizam algoritmos de IA para criar carteiras de investimento personalizadas com base na tolerância ao risco individual e nos objectivos financeiros. Isso torna as estratégias de investimento anteriormente reservadas para indivíduos de alto patrimônio líquido acessíveis a um público mais amplo.

Kiva: Esta organização sem fins lucrativos combina a IA com o financiamento coletivo para ligar os mutuantes aos mutuários em comunidades carenciadas. Os algoritmos de IA analisam os dados dos mutuários e combinam-nos com os credores adequados, facilitando o acesso a capital vital.

Desafios e considerações

Embora a IA seja muito promissora, há que enfrentar alguns desafios:

Enviesamento de dados: os algoritmos de IA são tão bons quanto os dados com que são treinados. Dados tendenciosos podem perpetuar as desigualdades existentes nas aprovações de empréstimos ou estratégias de investimento. A curadoria cuidadosa dos dados e a monitorização contínua são essenciais.

Explicabilidade algorítmica: A natureza complexa dos modelos de IA pode dificultar a compreensão da forma como são tomadas as decisões. A transparência no processo de tomada de decisões é crucial para criar confiança junto dos utilizadores.

Fosso digital: O acesso desigual à tecnologia e à Internet pode exacerbar as desigualdades existentes. São necessárias iniciativas para colmatar o fosso digital e garantir que todos beneficiam das soluções baseadas em IA.

Deslocação de postos de trabalho: Existem preocupações quanto à automatização dos empregos no sector financeiro pela IA. Os programas de atualização e requalificação são essenciais para equipar os trabalhadores deslocados com novas competências relevantes para o cenário financeiro em evolução.

A IA no sector financeiro tem um enorme potencial para nivelar as condições de concorrência e promover a inclusão financeira. Ao abordar o enviesamento dos dados, garantindo a transparência algorítmica e colmatando o fosso digital, a IA pode capacitar os indivíduos para gerir eficazmente as suas finanças, aceder a serviços essenciais e participar na economia global. À medida que a tecnologia de IA continua a evoluir, a colaboração contínua entre os decisores políticos, as instituições financeiras e os criadores de IA é crucial para garantir a implementação ética e responsável destas soluções. Ao aproveitar o poder da IA, podemos criar um sistema financeiro mais inclusivo que beneficie todos.

Estudos de caso

A inclusão financeira tem por objetivo proporcionar o acesso a uma vasta gama de serviços financeiros a um custo acessível a todos os segmentos da sociedade. Isto pode ser particularmente difícil nas economias em desenvolvimento, onde uma parte significativa da população não tem acesso a canais bancários formais. No entanto, várias iniciativas bem sucedidas demonstram o poder das estratégias inovadoras para promover a inclusão financeira.

Caso 1: Pradhan Mantri Jan-Dhan Yojana (PMJDY) - Índia

Antecedentes: Lançado em 2014, o PMJDY é um programa emblemático do governo indiano com o objetivo ambicioso de alcançar a inclusão financeira universal.

Características principais

Abertura Universal de Contas: O programa simplificou o processo de abertura de contas de poupança de saldo zero, chegando mesmo às regiões não bancarizadas através de uma rede de bancos e de Correspondentes Comerciais (BC) - agentes que prestam serviços bancários básicos nas zonas rurais.

Literacia financeira: O PMJDY centrou-se em campanhas de literacia financeira para educar os titulares de contas sobre vários produtos financeiros e práticas responsáveis de gestão do dinheiro.

Benefícios e incentivos: O programa associava as contas bancárias aos regimes de benefícios governamentais, assegurando a transferência direta de subsídios e promovendo a utilização ativa das contas.

Impacto: O PMJDY tem sido fundamental para a realização de progressos significativos em matéria de inclusão financeira na Índia.

Penetração de contas: A partir de março de 2024, mais de 460 milhões de contas foram abertas ao abrigo do PMJDY, proporcionando acesso a serviços bancários formais a uma vasta população sem conta bancária.

Literacia financeira: A ênfase do programa na educação financeira permitiu que os titulares de contas tomassem decisões financeiras informadas.

Aumento da poupança: A facilidade de poupar através de contas bancárias promoveu uma cultura de poupança entre indivíduos que anteriormente não tinham conta bancária.

Desafios: Apesar do seu êxito, o PMJDY enfrenta desafios constantes:

Inatividade das contas: Uma parte significativa das contas abertas permanece inativa, o que realça a necessidade de estratégias para incentivar a utilização regular da conta.

Lacunas na literacia financeira: Para maximizar o impacto do programa, continua a ser crucial colmatar as lacunas de literacia financeira nas zonas rurais.

Caso 2: M-PESA - Quénia

Antecedentes: Lançado em 2007, o M-PESA é um serviço móvel de transferência de dinheiro oferecido pela Safaricom, uma das principais empresas de telecomunicações do Quénia.

Características principais

Aproveitamento da rede móvel: O M-PESA utiliza a rede de telemóveis existente para transacções financeiras. Os utilizadores podem depositar, levantar, enviar e receber dinheiro utilizando os seus telemóveis.

Rede de agentes: Uma vasta rede de agentes permite aos utilizadores converter dinheiro de e para dinheiro digital, garantindo a acessibilidade mesmo em áreas remotas.

Baixos custos de transação: O M-PESA oferece taxas de transação relativamente baixas em comparação com os serviços tradicionais de transferência de dinheiro.

Impacto: O M-PESA revolucionou a inclusão financeira no Quénia:

Acesso financeiro: O M-PESA proporcionou a milhões de quenianos, especialmente nas zonas rurais, o acesso a uma forma segura e conveniente de gerir as suas finanças.

Inclusão financeira das mulheres: O serviço deu poder às mulheres, permitindo-lhes controlar as suas finanças de forma independente e participar mais ativamente na economia.

Impulso ao Micro-Empreendedorismo: A facilidade de efetuar e receber pagamentos através do M-PESA facilitou o crescimento das microempresas em todo o país.

Desafios: O M-PESA também enfrenta alguns desafios:

Preocupações com a segurança: Garantir a segurança dos fundos e das transacções dos utilizadores continua a ser uma prioridade.

Cenário regulamentar: A adaptação à evolução das regulamentações no espaço do dinheiro móvel exige esforços contínuos de monitorização e conformidade.

Caso 3: Jan Dhan-Aadhaar-Mobile (JAM) Trinity - Índia

Antecedentes: A trindade JAM é uma iniciativa indiana única que tira partido de três programas governamentais fundamentais:

Pradhan Mantri Jan-Dhan Yojana (PMJDY): Tal como referido anteriormente, este programa oferece contas bancárias universais.

Aadhaar: Trata-se de um sistema nacional de identificação biométrica que fornece uma identidade digital única a todos os residentes indianos.

Conectividade móvel: O rápido aumento da penetração dos telemóveis em toda a Índia desempenha um papel crucial na facilitação das transacções financeiras.

Como funciona: Ao associar as contas PMJDY ao Aadhaar e aos números de telemóvel, o trinómio JAM agiliza a entrega de benefícios e subsídios governamentais diretamente nas contas bancárias dos beneficiários.

Impacto: A trindade JAM melhorou significativamente a eficiência e a transparência dos programas governamentais:

Redução de fugas: As transferências bancárias directas minimizam o risco de fugas e corrupção associado aos métodos tradicionais de desembolso de dinheiro.

Impulso à inclusão financeira: O trinómio JAM incentiva a ativação e a utilização da conta, promovendo a inclusão financeira.

Benefícios direccionados: Ao associar as prestações ao Aadhaar, o governo pode garantir que os subsídios chegam aos beneficiários previstos.

CAPÍTULO 9

Desafios e riscos da IA nas finanças

Jyoti Kataria

Escola de Engenharia e Tecnologia

K. R. Mangalam University, Gurugram, Haryana, Índia

Vijay Singh

Escola de Engenharia e Tecnologia Amity

Universidade de Amity, Noida, UP, Índia

Introdução

O sector financeiro está a passar por uma transformação significativa impulsionada pela Inteligência Artificial (IA). Os algoritmos de IA estão a revolucionar os processos, desde a deteção de fraudes e a gestão de riscos até ao aconselhamento financeiro personalizado e à negociação algorítmica. No entanto, este progresso vem acompanhado de uma preocupação crescente - o potencial para violações de privacidade de dados e vulnerabilidades de segurança. À medida que a IA se torna profundamente integrada nas instituições financeiras, a proteção dos dados sensíveis dos clientes e a garantia da integridade dos sistemas de IA são fundamentais.

O dilema dos dados: poder e perigo

As instituições financeiras detêm um vasto conjunto de dados pessoais - historial de transacções, participações financeiras, detalhes de rendimentos e até mesmo capacidade de crédito. Estes dados são a força motriz dos serviços financeiros baseados em IA. Os algoritmos de IA analisam estes dados para identificar padrões, prever tendências e tomar decisões automatizadas. Embora isso possa levar a benefícios como recomendações de investimento personalizadas e aprovações de empréstimos mais rápidas, também levanta preocupações com a privacidade.

Recolha e utilização de dados: A extensão da recolha de dados para modelos de IA pode ser vasta. Embora alguns dados sejam necessários para serviços específicos, a linha entre o que é necessário e o que é intrusivo pode ser pouco nítida. Os clientes podem não estar totalmente cientes da forma como os seus dados estão a ser utilizados, ou para que fins adicionais podem ser analisados.

Transparência e explicabilidade: Os algoritmos de IA, especialmente os complexos, podem ser opacos. Quando um sistema de IA nega um pedido de empréstimo ou assinala uma transação como suspeita, pode ser difícil compreender a lógica subjacente à decisão. Esta falta de transparência pode minar a confiança e suscitar preocupações sobre potenciais preconceitos no modelo de IA.

Partilha e agregação de dados: O valor dos dados aumenta frequentemente com o seu volume e amplitude. As instituições financeiras podem partilhar ou vender dados anónimos de clientes a fornecedores terceiros para desenvolvimento ou análise de modelos. Embora a anonimização seja um passo para proteger a privacidade, existe sempre um risco de reidentificação, especialmente com a crescente sofisticação das técnicas de análise de dados.

Preocupações com a segurança: Fortalecer a fronteira financeira

O próprio poder da IA nas finanças também introduz novas vulnerabilidades de segurança que os actores maliciosos podem explorar. Eis algumas das principais áreas de preocupação:

Violações de dados: As instituições financeiras são os principais alvos de ciberataques e os sistemas de IA podem introduzir novos vectores de ataque. Os piratas informáticos podem visar vulnerabilidades nos modelos de IA ou na infraestrutura de dados subjacente para roubar informações sensíveis dos clientes.

Ataques adversários: Os cibercriminosos podem tentar manipular os modelos de IA, alimentando-os com dados alterados. Isto pode levar os modelos a fazer previsões incorrectas ou a gerar recomendações erradas, causando potencialmente perdas financeiras significativas. Por exemplo, um atacante pode manipular um modelo de deteção de fraude para contornar as verificações de segurança.

Preconceito algorítmico: os modelos de IA são treinados em vastos conjuntos de dados, e esses conjuntos de dados podem conter preconceitos inerentes que se reflectem nos resultados do modelo. Por exemplo, um modelo de aprovação de empréstimos treinado em dados históricos pode perpetuar preconceitos existentes contra certos dados demográficos, levando a práticas injustas de empréstimo.

Atingir o equilíbrio: Construir uma IA segura e fiável

O potencial da IA nas finanças é inegável, mas é crucial abordar as questões de privacidade e segurança dos dados antes da adoção generalizada. Eis algumas medidas que as instituições financeiras podem adotar:

Minimização e anonimização de dados: A recolha apenas dos dados estritamente necessários para o serviço de IA pretendido e a anonimização dos dados sempre que possível podem ajudar a mitigar os riscos de privacidade.

Transparência e explicabilidade: O desenvolvimento de modelos de IA com resultados explicáveis pode ajudar a criar confiança junto dos clientes e das entidades reguladoras. As técnicas de IA explicáveis podem esclarecer a forma como as decisões são tomadas, permitindo uma melhor compreensão e potenciais correcções.

Medidas robustas de cibersegurança: As instituições financeiras têm de investir em infra-estruturas de cibersegurança robustas para se protegerem contra violações de dados e ciberataques. A implementação de protocolos de segurança especificamente concebidos para sistemas de IA é crucial.

Estruturas de governação de dados: O desenvolvimento de quadros de governação de dados claros garantirá práticas adequadas de recolha, armazenamento, utilização e eliminação de dados. Estes quadros devem aderir aos regulamentos de privacidade de dados relevantes.

Supervisão regulamentar: As entidades reguladoras têm de desenvolver quadros claros e abrangentes para reger a utilização da IA nas finanças. Estes quadros devem abordar as questões da privacidade dos dados, da segurança e da equidade.

A IA oferece um imenso potencial para remodelar o panorama financeiro, mas é imperativo dar prioridade à privacidade e segurança dos dados. Ao adotar práticas de dados responsáveis, implementar medidas de segurança robustas e promover a transparência, as instituições financeiras podem criar soluções seguras e fiáveis baseadas em IA que beneficiem tanto as instituições como os clientes. À medida que a tecnologia evolui, será necessária uma vigilância e adaptação contínuas para garantir que a IA serve como uma força de transformação positiva no sector financeiro.

Questões de parcialidade e equidade nos algoritmos de IA

A inteligência artificial (IA) tornou-se uma força omnipresente, transformando as indústrias, os cuidados de saúde e até a nossa vida quotidiana. No entanto, este poder traz consigo uma preocupação crescente: a parcialidade e a justiça nos algoritmos de IA. À medida que os sistemas de IA são cada vez mais utilizados para tomar decisões críticas, a possibilidade de estes preconceitos perpetuarem ou mesmo amplificarem as desigualdades sociais existentes torna-se um desafio significativo.

Compreender o enviesamento na IA

O preconceito nos algoritmos de IA refere-se a um preconceito sistemático que pode levar a resultados injustos para determinados grupos de pessoas. Este preconceito pode manifestar-se de várias formas:

Enviesamento dos dados: os algoritmos de IA aprendem com os dados e, se esses dados forem inerentemente enviesados, o modelo resultante herdará provavelmente esses enviesamentos. Por exemplo, um sistema de reconhecimento facial treinado num conjunto de dados com predominância de uma raça pode ter dificuldade em identificar com precisão rostos de outras raças.

Preconceito algorítmico: As escolhas de conceção feitas durante o desenvolvimento do algoritmo podem inadvertidamente introduzir preconceitos. Por exemplo, um algoritmo utilizado para avaliar a elegibilidade para empréstimos pode dar prioridade a factores que se correlacionam com a raça ou o contexto socioeconómico, conduzindo a resultados discriminatórios.

Preconceito humano: Os criadores e utilizadores de sistemas de IA também podem introduzir preconceitos através dos seus próprios preconceitos inconscientes. Por exemplo, os critérios escolhidos para avaliar o sucesso de um algoritmo podem favorecer determinados grupos demográficos, conduzindo a uma otimização tendenciosa.

Exemplos reais de preconceitos na IA

O potencial de enviesamento dos algoritmos de IA estende-se a várias aplicações, com consequências no mundo real:

Justiça penal: Os algoritmos de IA utilizados em ferramentas de avaliação do risco de reincidência podem perpetuar as disparidades raciais no sistema de justiça penal. Estudos demonstraram que estes algoritmos podem classificar erradamente as minorias como infractores de alto risco a uma taxa desproporcionada.

Reconhecimento facial: A tecnologia de reconhecimento facial tem suscitado preocupações em relação à vigilância tendenciosa, em que a tecnologia pode ter dificuldade em identificar com exatidão as pessoas de cor, levando a detenções injustas ou à definição de perfis.

Aprovações de empréstimos: Os sistemas de aprovação de empréstimos baseados em IA podem inadvertidamente discriminar certos dados demográficos com base em fatores como código postal ou nível de educação, limitando o acesso a recursos financeiros para grupos marginalizados.

Recrutamento: As ferramentas de recrutamento baseadas em IA que analisam currículos ou realizam entrevistas em vídeo podem favorecer os candidatos com base em palavras-chave ou estilos de comunicação, podendo não ter em conta indivíduos qualificados de diversas origens.

O impacto do preconceito

As consequências da parcialidade dos algoritmos de IA são de grande alcance

Desigualdade social: A IA pode amplificar as desigualdades sociais existentes, perpetuando práticas discriminatórias em domínios como a aprovação de empréstimos ou a justiça penal.

Perda de confiança: Se as pessoas considerarem que os sistemas de IA são tendenciosos, poderão ter menos probabilidades de confiar nas suas decisões, dificultando os potenciais benefícios da adoção da IA.

Preocupações com a privacidade: Os algoritmos de IA tendenciosos podem suscitar preocupações em matéria de privacidade, especialmente quando utilizados para vigilância ou recolha de dados, afectando desproporcionadamente determinados grupos demográficos.

Atenuar os preconceitos na IA

A abordagem dos preconceitos nos algoritmos de IA exige uma abordagem multifacetada:

Recolha e curadoria de dados: É crucial garantir conjuntos de dados diversificados e representativos para treinar modelos de IA. Técnicas como o aumento de dados e estratégias de amostragem podem ajudar a mitigar o enviesamento.

Conceção de algoritmos: A equidade dos algoritmos deve ser considerada durante o processo de desenvolvimento. A implementação de métricas de equidade e a utilização de técnicas de deteção de enviesamento podem ajudar a identificar e a resolver potenciais enviesamentos.

Supervisão humana: Embora a IA ofereça automatização, a supervisão humana continua a ser vital. A revisão humana das decisões da IA pode ajudar a identificar e retificar resultados tendenciosos.

Transparência e explicabilidade: As técnicas de IA explicável (XAI) podem ajudar a compreender a forma como os algoritmos de IA chegam às suas decisões, permitindo uma maior transparência e a identificação de potenciais enviesamentos.

Regulamentação e normas: O desenvolvimento de directrizes e regulamentos éticos para o desenvolvimento e a implantação da IA pode ajudar a garantir a equidade e a atenuar os potenciais danos.

A criação de algoritmos de IA justos e imparciais exige esforços proactivos por parte de investigadores, programadores e decisores políticos.   Reconhecendo os desafios, implementando as estratégias de mitigação discutidas acima e promovendo uma cultura de desenvolvimento responsável da IA, podemos garantir que a IA serve como uma força para o bem, promovendo a inclusão e a justiça nas suas aplicações.

Conformidade regulamentar e implicações legais

O panorama financeiro é uma rede complexa de regulamentos concebidos para proteger os investidores, garantir a integridade do mercado e promover a concorrência leal. Compreender e aderir a estes regulamentos, conhecidos como conformidade regulamentar, é fundamental para qualquer instituição financeira ou indivíduo que participe nos mercados. O não cumprimento pode levar a uma multiplicidade de implicações legais, potencialmente inviabilizando as operações comerciais e incorrendo em penalizações financeiras significativas.

O panorama regulamentar: Uma abordagem em vários níveis

Os regulamentos financeiros são estabelecidos por uma rede de agências governamentais e organizações de autorregulação (SROs). Estes organismos criam e aplicam regras que regem vários aspectos da atividade financeira, incluindo:

Ofertas de títulos: Regulamentos como os promulgados pela Securities and Exchange Commission (SEC) nos EUA ou pela Financial Conduct Authority (FCA) no Reino Unido ditam o processo para as empresas emitirem e venderem títulos ao público. Isto inclui requisitos de divulgação, disposições antifraude e medidas de proteção do investidor.

Conduta de mercado: Os regulamentos têm por objetivo garantir práticas de mercado justas e éticas. Isto inclui regras contra o abuso de informação privilegiada, a manipulação do mercado e os conflitos de interesses.

Proteção dos consumidores: Os regulamentos protegem os consumidores de práticas de empréstimo predatórias, marketing enganoso e recomendações de investimento inadequadas. O Consumer Financial Protection Bureau (CFPB) nos EUA é um ator fundamental neste domínio.

Anti-Lavagem de Dinheiro (AML) e Conheça o Seu Cliente (KYC): Estes regulamentos combatem o branqueamento de capitais e o financiamento do terrorismo, exigindo que as instituições financeiras verifiquem as identidades dos seus clientes e monitorizem as transacções para detetar actividades suspeitas.

Adequação de capital: Os regulamentos exigem que as instituições financeiras mantenham um nível mínimo de reservas de capital para mitigar o risco e garantir a solvência. Isto ajuda a evitar crises financeiras e protege os depositantes.

Desafios de conformidade: Um ato de equilíbrio

Manter a conformidade regulamentar pode ser uma tarefa exigente para as instituições financeiras. Eis alguns dos principais desafios:

O cenário regulamentar em evolução: Os quadros regulamentares são constantemente actualizados e revistos. Manter-se a par destas alterações requer uma monitorização e adaptação contínuas das políticas e procedimentos internos.

Complexidade dos regulamentos: Os regulamentos financeiros são muitas vezes intrincados e volumosos, tornando a interpretação e a aplicação um desafio. Muitas vezes é necessário um conhecimento jurídico especializado e de conformidade.

Requisitos regulamentares variáveis entre jurisdições: As instituições financeiras que operam internacionalmente precisam de navegar pelas complexidades regulamentares de diferentes países, aumentando ainda mais os encargos de conformidade.

Avanços tecnológicos: O aparecimento constante de novas tecnologias e produtos financeiros pode ultrapassar a regulamentação existente, criando incerteza e exigindo potencialmente novos quadros de conformidade.

O elevado custo da não-conformidade

O não cumprimento dos regulamentos pode ter graves consequências legais e financeiras. Estas podem incluir:

Coimas e sanções: As entidades reguladoras podem aplicar coimas substanciais às instituições que não cumpram as normas. Estas coimas podem ser suficientemente significativas para paralisar uma empresa.

Danos à reputação: A notícia de uma infração regulamentar pode manchar gravemente a reputação de uma instituição, conduzindo a uma perda de confiança dos clientes e dos investidores.

Acusações criminais: Nalguns casos, as violações flagrantes dos regulamentos financeiros podem levar a processos criminais contra indivíduos ou entidades envolvidas.

Litígio civil: Os investidores ou outras partes prejudicadas por práticas não conformes podem intentar acções judiciais civis para obterem uma indemnização.

Revogação de licenças ou restrições à atividade: Os organismos reguladores podem revogar as licenças ou impor restrições às actividades comerciais das instituições não conformes.

Estratégias para uma conformidade efectiva

As instituições financeiras podem mitigar estes riscos através da implementação de programas de conformidade robustos. Esses programas devem incluir:

Responsável pela conformidade: Designar um responsável pela conformidade para supervisionar o programa de conformidade e garantir o cumprimento dos regulamentos.

Políticas e procedimentos de conformidade: Desenvolvimento de políticas e procedimentos claros e abrangentes que detalham como a instituição cumprirá os regulamentos relevantes.

Formação e educação: Fornecer formação contínua aos funcionários sobre os regulamentos relevantes e as melhores práticas de conformidade.

Monitorização e auditoria da conformidade: Monitorizar e auditar regularmente as actividades da instituição para identificar e resolver quaisquer potenciais problemas de conformidade.

Gestão de riscos: Implementação de quadros de gestão do risco para identificar e mitigar proactivamente potenciais áreas de não conformidade.

Soluções tecnológicas: Aproveitar as soluções tecnológicas que automatizam as tarefas de conformidade e simplificam o processo.

Olhando para o futuro: O Futuro da Conformidade Regulamentar

É provável que o panorama regulamentar das instituições financeiras continue a evoluir em resposta à evolução das tecnologias e às mudanças económicas globais. Eis algumas das principais tendências a observar:

Foco na inovação: É provável que os organismos reguladores tenham de se adaptar para acomodar novas tecnologias financeiras como a cadeia de blocos e as criptomoedas.

Maior cooperação internacional: À medida que os mercados financeiros se tornam cada vez mais globalizados, a colaboração entre organismos reguladores internacionais será crucial para uma aplicação consistente.

Utilização da tecnologia para fins de conformidade: Os organismos reguladores podem tirar partido de ferramentas tecnológicas como a análise de dados e a inteligência artificial para melhorar as suas próprias capacidades de controlo da conformidade.

Atenuar os riscos e criar confiança nos sistemas financeiros baseados na IA

O sector financeiro está a adotar rapidamente a Inteligência Artificial (IA) para automatizar tarefas, melhorar a avaliação de riscos e gerar conhecimentos sobre investimentos. Embora a IA seja imensamente promissora em termos de eficiência e rentabilidade, a sua integração nos sistemas financeiros introduz novos riscos e desafios à confiança. A criação de um ecossistema de IA seguro e fiável no sector financeiro requer uma abordagem multifacetada que dê resposta a estas preocupações.

Compreender os riscos da IA nas finanças

A implantação da IA nos sistemas financeiros acarreta vários riscos importantes

Preconceito e equidade: Os algoritmos de IA treinados em dados históricos podem herdar e amplificar os preconceitos existentes. Isto pode levar a práticas de empréstimo discriminatórias, prémios de seguro injustos ou recomendações de investimento distorcidas.

Explicabilidade e transparência: A natureza de "caixa negra" de alguns modelos complexos de IA torna difícil compreender como chegam às decisões. Esta falta de transparência pode minar a confiança e levantar questões sobre a responsabilidade em caso de erros.

Segurança e privacidade dos dados: As instituições financeiras gerem dados sensíveis dos clientes. Os sistemas de IA que lidam com estes dados têm de ser robustos contra ciberataques e violações de dados. Além disso, é fundamental garantir a privacidade do utilizador enquanto se aproveitam os dados para o desenvolvimento da IA.

Erros e manipulação algorítmica: Os modelos de IA são susceptíveis de erros ou de manipulação através de ataques adversários, em que os maus actores alimentam o sistema com dados enganadores para influenciar os seus resultados. São essenciais testes e monitorização robustos.

Criar uma IA fiável no sector financeiro

As estratégias para mitigar os riscos e criar confiança nos sistemas financeiros baseados em IA abrangem várias áreas-chave:

Abordagem "Human-in-the-Loop": A IA não deve funcionar de forma totalmente isolada. As instituições financeiras devem adotar uma abordagem "human-in-the-loop", em que os especialistas humanos analisam e aprovam as recomendações geradas pela IA antes de serem tomadas as decisões finais.

Equidade desde a conceção: O desenvolvimento de modelos de IA para aplicações financeiras deve dar prioridade à equidade desde o início. Isto inclui a utilização de diversos conjuntos de dados para formação, a utilização de métricas de equidade nos modelos e a monitorização ativa de enviesamentos nos resultados.

IA explicável (XAI): As instituições financeiras devem aproveitar as técnicas de XAI para aumentar a transparência na tomada de decisões sobre IA. Técnicas como a análise da importância das características podem ajudar a explicar quais os factores que mais contribuíram para um determinado resultado.

Medidas robustas de cibersegurança: A implementação de protocolos robustos de cibersegurança é essencial para proteger os dados financeiros sensíveis e os sistemas de IA. Isso inclui avaliações regulares de vulnerabilidade, testes de penetração e práticas seguras de armazenamento de dados.

Conformidade com a privacidade de dados: As instituições financeiras têm de cumprir os regulamentos de privacidade de dados, como o GDPR (Regulamento Geral de Proteção de Dados) e a CCPA (Lei de Privacidade do Consumidor da Califórnia), quando utilizam dados de clientes para o desenvolvimento de IA.

Quadros regulamentares: Os organismos reguladores têm de desenvolver quadros claros e adaptáveis para a governação da IA nas finanças. Estes quadros devem abordar questões como a explicabilidade do modelo, a atenuação de enviesamentos e a responsabilidade algorítmica.

Colaboração do sector: A colaboração entre instituições financeiras, empresas de tecnologia e universidades pode promover as melhores práticas para o desenvolvimento e a implantação responsáveis da IA no sector financeiro.

Educação e consciencialização do público: Educar o público sobre os potenciais benefícios e riscos da IA nas finanças pode ajudar a criar confiança e compreensão.

Benefícios da criação de uma IA fiável

A atenuação dos riscos e a criação de confiança nos sistemas financeiros baseados na IA oferecem várias vantagens:

Maior estabilidade financeira: Ao reduzir os enviesamentos e os erros na tomada de decisões, a IA pode contribuir para um sistema financeiro mais estável e eficiente.

Melhoria da experiência do cliente: A IA pode personalizar os produtos e serviços financeiros, fornecendo aos clientes soluções e recomendações à medida.

Aumento da inclusão financeira: A IA pode ajudar a expandir o acesso aos serviços financeiros para populações carenciadas, automatizando tarefas e reduzindo os custos operacionais.

Inovação e crescimento: A criação de uma IA fiável pode abrir novas oportunidades de inovação e crescimento no sector financeiro.

CAPÍTULO 10

Perspectivas e oportunidades futuras

Jyoti Kataria

Escola de Engenharia e Tecnologia

K. R. Mangalam University, Gurugram, Haryana, Índia

Deepak Singh

Departamento de Engenharia e Tecnologia

ABES(IT), Ghaziabad, Uttar Pradesh, Índia

Introdução

O sector financeiro está a passar por uma transformação significativa impulsionada pela integração da Inteligência Artificial (IA). A capacidade da IA para analisar vastos conjuntos de dados, identificar padrões e fazer previsões está a revolucionar tudo, desde a deteção de fraudes à negociação algorítmica. Esta confluência está a conduzir a novas e excitantes tendências que estão a remodelar o futuro das finanças.

IA para uma melhor experiência do cliente

As instituições financeiras estão a utilizar cada vez mais a IA para personalizar as experiências dos clientes e aumentar a satisfação. Eis algumas das principais áreas de foco:

Chatbots e assistentes virtuais: Os chatbots alimentados por IA estão a tornar-se omnipresentes, fornecendo apoio ao cliente 24 horas por dia, 7 dias por semana, respondendo a perguntas, resolvendo problemas e orientando os utilizadores através de produtos financeiros. Estes assistentes virtuais também podem personalizar as interacções, aprendendo as preferências e os objectivos financeiros dos clientes.

Robo-conselheiros: Os robo-consultores orientados por IA oferecem serviços automatizados de gestão de investimentos. Eles aproveitam os algoritmos para analisar a situação financeira, a tolerância ao risco e as metas de investimento de um cliente para criar e gerenciar uma carteira de investimentos personalizada. Os robo-consultores oferecem uma alternativa de baixo custo aos consultores financeiros tradicionais, tornando a gestão de investimentos mais acessível a um público mais vasto.

Análise de sentimentos: A IA pode analisar as interacções dos clientes em vários canais (redes sociais, e-mails, chats) para avaliar o seu sentimento em relação aos produtos e serviços financeiros. Isto permite às instituições identificar áreas de melhoria, responder prontamente às preocupações dos clientes e personalizar as campanhas de marketing.

Gestão de riscos e deteção de fraudes com base em IA

As instituições financeiras estão constantemente a lutar contra a fraude e a reduzir os riscos. Eis como a IA está a desempenhar um papel crucial:

Deteção de anomalias: Os algoritmos de aprendizagem automática podem analisar grandes quantidades de dados de transacções para identificar padrões invulgares que possam indicar atividade fraudulenta. Isto permite a deteção precoce e a prevenção de crimes financeiros, protegendo tanto as instituições como os clientes.

Avaliação do risco de crédito: A IA pode analisar o historial financeiro de um mutuário, a pontuação de crédito e outros pontos de dados para avaliar a sua capacidade de crédito com maior precisão. Isto pode levar a decisões de empréstimo mais informadas, reduzindo o risco de incumprimentos e empréstimos malparados.

Testes de esforço e previsão do mercado: A IA pode ser utilizada para simular vários cenários de mercado (recessões económicas, flutuações das taxas de juro) para avaliar o impacto potencial na carteira de uma instituição financeira. Isto permite estratégias proactivas de gestão do risco e reforça a resiliência financeira.

A ascensão da negociação algorítmica e da gestão algorítmica de carteiras

A IA está a transformar a forma como os mercados financeiros funcionam:

Negociação de alta frequência (HFT): As estratégias de HFT tiram partido de algoritmos sofisticados para executar transacções à velocidade da luz, capitalizando em minúsculas ineficiências de preços no mercado. A IA pode melhorar ainda mais a HFT, optimizando os algoritmos de negociação e identificando novas oportunidades.

Gestão algorítmica de carteiras: Os algoritmos de IA podem analisar grandes quantidades de dados de mercado, feeds de notícias e sentimentos nas redes sociais para gerar recomendações de investimento e ajustar dinamicamente as carteiras de investimento. Estes algoritmos podem superar as estratégias tradicionais de gestão de carteiras, identificando correlações ocultas e explorando as tendências do mercado a curto prazo.

Democratização da negociação algorítmica: Anteriormente, o domínio dos fundos de cobertura e dos investidores institucionais, as plataformas de negociação alimentadas por IA estão a tornar a negociação algorítmica mais acessível aos investidores de retalho. Estas plataformas oferecem algoritmos de negociação pré-construídos ou permitem que os utilizadores personalizem as suas próprias estratégias. No entanto, a ponderação cuidadosa do risco e um conhecimento profundo dos mercados continuam a ser cruciais para o sucesso.

Fronteiras emergentes: IA generativa e IA explicável

O futuro da IA no sector financeiro oferece possibilidades interessantes:

IA generativa para análise de mercado: Os modelos de IA generativa, como as redes adversariais generativas (GAN), podem ser utilizados para criar dados de mercado sintéticos para testar e aperfeiçoar algoritmos de negociação num ambiente simulado, atenuando os riscos associados à sua aplicação direta em mercados reais.

IA explicável (XAI): À medida que os modelos de IA se tornam cada vez mais complexos, é fundamental garantir a transparência e a explicabilidade. As técnicas de XAI podem ajudar a compreender como os modelos de IA chegam às suas decisões, promovendo a confiança e mitigando potenciais enviesamentos na tomada de decisões algorítmicas em áreas como a aprovação de empréstimos ou a pontuação de crédito.

Desafios e considerações para a IA nas finanças

Apesar do seu imenso potencial, a integração da IA no sector financeiro tem o seu próprio conjunto de desafios:

Privacidade e segurança dos dados: As instituições financeiras lidam com dados sensíveis dos clientes. São essenciais medidas de segurança robustas para proteger estes dados contra ciberataques e garantir a conformidade com os regulamentos de privacidade de dados.

Viés algorítmico: os modelos de IA são tão bons quanto os dados com que são treinados. Os enviesamentos nos dados de treino podem levar a resultados enviesados, afectando potencialmente as decisões relacionadas com a aprovação de empréstimos ou recomendações de investimento. É necessária uma seleção cuidadosa dos dados e técnicas de mitigação de enviesamento.

Regulamentação e supervisão: À medida que a IA desempenha um papel mais proeminente nos mercados financeiros, os quadros regulamentares têm de evoluir para fazer face aos potenciais riscos associados à negociação algorítmica e garantir práticas justas e éticas.

Integração de conhecimentos humanos: Embora a IA ofereça vantagens significativas, os conhecimentos humanos continuam a ser cruciais na tomada de decisões financeiras. A IA deve ser vista como uma ferramenta para aumentar as capacidades humanas e não para as substituir.

Impacto potencial da IA nos mercados e instituições financeiras

A inteligência artificial (IA) está pronta para remodelar fundamentalmente o panorama financeiro. A sua capacidade de analisar grandes quantidades de dados, identificar padrões complexos e fazer previsões está a transformar tudo, desde a gestão de riscos à negociação algorítmica. Esta confluência de tecnologia e finanças tem implicações significativas tanto para as instituições financeiras como para o ecossistema de mercado mais alargado.

Maior eficiência e automatização

Um dos impactos mais imediatos da IA será na eficiência operacional das instituições financeiras. Eis como:

Racionalização das operações de back-office: As tarefas repetitivas, como o processamento de empréstimos, a deteção de fraudes e os pedidos de informação do serviço de apoio ao cliente, podem ser automatizadas utilizando ferramentas alimentadas por IA. Isto liberta os funcionários humanos para se concentrarem em tarefas mais complexas que exigem discernimento e criatividade.

Negociação algorítmica: A IA pode analisar dados de mercado em tempo real e executar transacções à velocidade da luz, capitalizando oportunidades fugazes. As estratégias de negociação de alta frequência (HFT) tornar-se-ão provavelmente ainda mais sofisticadas com a IA, aumentando potencialmente a liquidez do mercado.

Conformidade regulamentar melhorada: A IA pode ser utilizada para automatizar processos de conformidade regulamentar, garantindo a adesão a regulamentos financeiros complexos e reduzindo o risco de violações de conformidade.

Uma nova era de gestão de riscos

A IA oferece ferramentas poderosas para gerir os riscos financeiros de forma mais eficaz:

Avaliação do risco de crédito: Os algoritmos de IA podem analisar o historial financeiro, a pontuação de crédito e os dados das redes sociais de um mutuário para criar uma imagem mais abrangente da sua capacidade de crédito. Isto pode levar a decisões de empréstimo mais informadas com melhores retornos ajustados ao risco para as instituições financeiras.

Deteção e prevenção de fraudes: A aprendizagem automática pode analisar grandes quantidades de dados de transacções para identificar padrões invulgares que possam indicar atividade fraudulenta. Isto permite a deteção e prevenção precoce de crimes financeiros, protegendo tanto as instituições como os consumidores.

Testes de stress e previsão de mercado: A IA pode ser utilizada para simular vários cenários de mercado (recessões económicas, flutuações das taxas de juro) para avaliar o impacto potencial na carteira de uma instituição financeira. Isto permite estratégias proactivas de gestão do risco e reforça a resiliência financeira.

Democratização da gestão de investimentos

A IA está a tornar a gestão de investimentos mais acessível a um público mais vasto:

Robo-conselheiros: Essas plataformas baseadas em IA oferecem serviços automatizados de gerenciamento de investimentos. Eles usam algoritmos para analisar a situação financeira e a tolerância ao risco de um cliente para criar e gerenciar um portfólio de investimentos personalizado. Os robôs-consultores oferecem uma alternativa de baixo custo aos consultores financeiros tradicionais, democratizando a gestão de investimentos.

Plataformas de negociação algorítmica: Anteriormente domínio dos fundos de cobertura, as plataformas alimentadas por IA estão a tornar a negociação algorítmica mais acessível aos investidores de retalho. Estas plataformas oferecem algoritmos de negociação pré-construídos ou permitem que os utilizadores personalizem as suas próprias estratégias com base em parâmetros pré-definidos. No entanto, a ponderação cuidadosa do risco e um conhecimento profundo dos mercados continuam a ser cruciais para o sucesso.

Investimento em acções fraccionadas: A IA pode ser utilizada para automatizar o processo de compra e venda de acções fraccionadas de acções caras, facilitando a participação dos investidores individuais no mercado e a diversificação das suas carteiras.

Potenciais desafios e considerações

Apesar do seu potencial transformador, a integração da IA no sector financeiro tem o seu próprio conjunto de desafios:

Privacidade e segurança dos dados: As instituições financeiras lidam com dados sensíveis dos clientes. São essenciais medidas de segurança robustas para proteger estes dados contra ciberataques e garantir a conformidade com os regulamentos de privacidade de dados.

Preconceito algorítmico: os modelos de IA treinados em dados tendenciosos podem perpetuar práticas discriminatórias. Por exemplo, um algoritmo de aprovação de empréstimos pode inadvertidamente favorecer certos grupos demográficos. A seleção cuidadosa de dados e as técnicas de mitigação de preconceitos são necessárias para garantir uma utilização justa e ética da IA.

Regulamentação e supervisão: À medida que a IA desempenha um papel mais proeminente nos mercados financeiros, os quadros regulamentares têm de evoluir para fazer face aos potenciais riscos associados à negociação algorítmica e garantir práticas de mercado justas. É necessário encontrar um equilíbrio entre a promoção da inovação e a atenuação dos riscos sistémicos.

O fator humano: Embora a IA ofereça vantagens significativas, o conhecimento humano continua a ser crucial na tomada de decisões financeiras. A IA deve ser vista como uma ferramenta para aumentar as capacidades humanas, não para as substituir. É provável que as instituições financeiras tenham de investir na reconversão da sua força de trabalho para se adaptarem ao panorama em mudança.

Implicações éticas e sociais das finanças baseadas na IA

O sector financeiro está a passar por uma mudança sísmica impulsionada pela Inteligência Artificial (IA). Embora a IA prometa eficiência, inovação e melhor acesso aos serviços financeiros, as suas implicações éticas e sociais exigem uma análise cuidadosa. Esta integração suscita preocupações sobre a equidade, a transparência e o potencial de exacerbação das desigualdades existentes.

A espada algorítmica de dois gumes

A IA oferece várias vantagens no sector financeiro

Deteção de fraude melhorada: Os algoritmos de IA podem analisar grandes quantidades de dados de transacções para identificar anomalias indicativas de atividade fraudulenta. Isto pode proteger tanto as instituições como os consumidores.

Gestão do risco: A IA pode avaliar a solvabilidade com maior exatidão, personalizar as carteiras de investimento e simular cenários de mercado para reforçar a resiliência financeira.

Acessibilidade: As ferramentas baseadas em IA, como os robo-consultores, oferecem soluções de gestão de investimentos de baixo custo, democratizando o acesso a serviços financeiros tradicionalmente reservados aos ricos.

No entanto, a par destes benefícios, existem preocupações éticas e sociais significativas:

Preconceito algorítmico: os modelos de IA são treinados com base em dados históricos, o que pode perpetuar os preconceitos existentes. Por exemplo, um algoritmo de aprovação de empréstimos treinado com base em dados tendenciosos pode negar injustamente empréstimos a determinados grupos demográficos.

Falta de transparência: A natureza complexa de alguns modelos de IA, em particular os algoritmos de aprendizagem profunda, torna difícil compreender a forma como chegam às decisões. Esta falta de transparência pode minar a confiança e levantar questões sobre a equidade, especialmente em áreas como a pontuação de crédito ou o comércio algorítmico.

Deslocação de postos de trabalho: O aumento da automatização através da IA poderá levar à perda de postos de trabalho no sector financeiro, sobretudo em funções que envolvem tarefas de rotina como a introdução de dados e o processamento de transacções.

A divisão algorítmica: O acesso desigual a serviços financeiros baseados em IA poderá exacerbar as disparidades de riqueza existentes. Aqueles que não têm acesso à tecnologia ou à literacia financeira para navegar em plataformas baseadas em IA poderão ser ainda mais prejudicados.

Captura algorítmica: À medida que a IA desempenha um papel mais proeminente nos mercados financeiros, existe o risco de captura algorítmica, em que os mercados se tornam excessivamente dependentes de algoritmos específicos, podendo conduzir a riscos sistémicos se esses algoritmos apresentarem falhas.

A procura da equidade e de uma IA responsável

Para atenuar estas preocupações é necessária uma abordagem multifacetada:

Governação de dados e IA explicável (XAI): As instituições financeiras precisam de práticas sólidas de governação de dados para garantir a qualidade dos dados e mitigar o enviesamento nos conjuntos de dados de formação. Além disso, as técnicas de XAI podem ajudar a explicar como os modelos de IA chegam às decisões, promovendo a confiança e a transparência.

Regulamentação e supervisão: Os quadros regulamentares têm de evoluir para fazer face aos potenciais riscos associados à IA no sector financeiro. Isto pode implicar o estabelecimento de normas para a privacidade dos dados, a equidade algorítmica e a responsabilização pelas decisões baseadas em IA.

Abordagem "Human-in-the-Loop": Embora a IA ofereça vantagens significativas, os conhecimentos humanos continuam a ser cruciais para as considerações éticas e a supervisão. A IA deve ser vista como uma ferramenta para aumentar a tomada de decisões humanas no sector financeiro.

Literacia e educação financeira: É fundamental dotar os indivíduos das competências de literacia financeira necessárias para navegar em plataformas financeiras baseadas em IA. Isso pode capacitá-los a fazer escolhas informadas e mitigar o risco de serem excluídos dos benefícios dos serviços financeiros baseados em IA.

Foco na inclusão e acessibilidade: O desenvolvimento e a implementação de ferramentas financeiras baseadas em IA devem dar prioridade à inclusão e à acessibilidade. Isto pode implicar a conceção de interfaces de fácil utilização e a oferta de métodos de acesso alternativos para as pessoas com conhecimentos tecnológicos limitados.

O impacto social das finanças orientadas para a IA

O impacto social das finanças baseadas na IA estende-se para além das instituições e dos consumidores individuais:

Estabilidade financeira: A captura algorítmica, em que os mercados se tornam excessivamente dependentes de algoritmos específicos, apresenta riscos sistémicos. Os quadros regulamentares devem abordar estes riscos para manter a estabilidade financeira.

Proteção dos consumidores: Os consumidores precisam de proteções robustas contra preconceitos algorítmicos e práticas injustas em serviços financeiros baseados em IA.

Crescimento económico: A IA pode potencialmente aumentar a eficiência e a inovação no sector financeiro, conduzindo ao crescimento económico.

No entanto, o potencial para a deslocação de postos de trabalho tem de ser abordado através de redes de segurança social eficazes e de programas de reciclagem.

Panorama financeiro global: O impacto das finanças baseadas na IA far-se-á sentir a nível mundial. A colaboração entre governos e instituições internacionais é necessária para garantir o desenvolvimento ético e responsável e a implantação da IA no sector financeiro.

Adotar a IA para decisões financeiras mais inteligentes

A inteligência artificial (IA) está a transformar o panorama financeiro, oferecendo ferramentas e conhecimentos poderosos para melhorar a tomada de decisões, tanto para indivíduos como para instituições. Ao tirar partido da capacidade da IA para analisar grandes quantidades de dados, identificar padrões e fazer previsões, os indivíduos podem atingir os seus objectivos financeiros de forma mais eficaz, enquanto as instituições podem simplificar as operações, gerir os riscos de forma mais eficiente e oferecer serviços financeiros personalizados. No entanto, adotar a IA de forma responsável requer uma análise cuidadosa e uma abordagem estratégica. Aqui estão algumas recomendações importantes para navegar nesta nova e excitante fronteira:

Para pessoas singulares

Identificar as suas necessidades e objectivos: O primeiro passo é compreender como a IA pode responder às suas necessidades e objectivos financeiros específicos. Quer esteja a poupar para a reforma, a gerir dívidas ou a aumentar os seus investimentos, existem ferramentas baseadas em IA disponíveis para o ajudar. Explore opções como robo-consultores para gestão automatizada de investimentos, aplicações de orçamentação que aproveitam a IA para planos de despesas personalizados ou serviços de monitorização de crédito alimentados por IA para deteção de fraudes.

Abraçar a literacia financeira: Embora a IA possa automatizar tarefas e fornecer recomendações, é crucial manter uma base sólida de literacia financeira. Compreender os conceitos financeiros básicos, como orçamento, investimento e gerenciamento de risco, permite que você tome decisões informadas juntamente com os insights oferecidos pelas ferramentas de IA.

Avaliar as ferramentas de IA de forma crítica: Nem todas as ferramentas financeiras baseadas em IA são criadas da mesma forma. Pesquise diferentes opções, compare as funcionalidades e compreenda os algoritmos subjacentes utilizados. Procure plataformas com um histórico sólido, estruturas de preços transparentes e medidas de segurança robustas para proteger seus dados.

Não confie demasiado na automatização: A IA deve ser vista como uma ferramenta valiosa para melhorar a sua tomada de decisões financeiras, e não como um substituto para o pensamento crítico e o julgamento independente. Mantenha sempre o controlo sobre as suas decisões financeiras e compreenda a lógica subjacente às recomendações da IA.

Mantenha-se informado sobre a IA nas finanças: O mundo da IA está em constante evolução. Mantenha-se atualizado sobre as últimas tendências, potenciais riscos e desenvolvimentos regulamentares nos serviços financeiros baseados em IA. Este conhecimento permite-lhe fazer escolhas informadas sobre como integrar a IA na sua estratégia financeira.

Para as instituições

Investir em infra-estruturas de IA: A criação de uma infraestrutura de IA robusta é crucial para tirar partido do potencial da IA. Isto inclui o investimento em capacidade de computação de alto desempenho, soluções robustas de armazenamento de dados e a contratação de cientistas de dados e engenheiros de IA qualificados.

Dar prioridade à qualidade e segurança dos dados: Os modelos de IA são tão bons quanto os dados em que são treinados. As instituições precisam de garantir conjuntos de dados de alta qualidade, precisos e imparciais para treinar os seus modelos de IA. Além disso, medidas robustas de segurança de dados são essenciais para proteger informações confidenciais dos clientes.

Desenvolver uma estratégia de IA clara: Uma estratégia de IA bem definida é fundamental para uma integração bem sucedida da IA. Esta estratégia deve delinear os objectivos específicos que pretende alcançar com a IA, as áreas onde será implementada e os recursos necessários.

Manter a transparência e a explicabilidade: As técnicas de IA explicável (XAI) são necessárias para garantir a transparência na forma como os algoritmos de IA chegam às decisões. Isto promove a confiança dos clientes e dos reguladores e ajuda a mitigar potenciais enviesamentos que possam existir nos dados ou nos algoritmos.

Foco na colaboração homem-IA: A IA deve ser vista como uma ferramenta para aumentar as capacidades humanas e não para as substituir. Utilize a IA para automatizar tarefas mundanas e libertar os funcionários humanos para se concentrarem na tomada de decisões estratégicas de nível superior e nas relações com os clientes.

Preparar-se para o escrutínio regulamentar: À medida que a IA desempenha um papel mais proeminente nos serviços financeiros, é provável que os quadros regulamentares evoluam. As instituições devem manter-se informadas sobre os próximos regulamentos e implementar proactivamente medidas de conformidade para garantir que as suas práticas de IA são justas e éticas.

Construir um futuro de colaboração

A colaboração entre a perícia humana e a IA tem um potencial imenso para o futuro das finanças. Ao adotar a IA de forma responsável, tanto os indivíduos como as instituições podem desbloquear novas oportunidades, tomar decisões financeiras mais inteligentes e navegar no cenário financeiro em constante mudança com maior confiança. Seguem-se algumas considerações adicionais para promover uma parceria homem-IA bem sucedida:

Promover uma cultura de inovação: Uma cultura que encoraje a exploração e a experimentação com a IA é vital. Invista em programas de formação de funcionários para equipar a sua força de trabalho com as competências necessárias para compreender e trabalhar eficazmente com as ferramentas de IA.

Concentrar-se na melhoria contínua: Os modelos de IA requerem uma monitorização e otimização contínuas. Desenvolva um processo para avaliar o desempenho dos seus sistemas de IA e aperfeiçoá-los com base em dados e feedback do mundo real.

Dar prioridade às considerações éticas: À medida que a IA se torna mais sofisticada, as considerações éticas tornam-se primordiais. Desenvolva uma estrutura robusta para a implementação ética da IA que aborde possíveis vieses, garanta a privacidade dos dados e promova serviços financeiros justos e responsáveis.

BIBLIOGRAFIA

1. Lin, T. C. (2019). Inteligência artificial, finanças e a lei. Fordham L. Rev., 88, 531.

2. Bahrammirzaee, A. (2010). Um estudo comparativo das aplicações de inteligência artificial em finanças: redes neurais artificiais, sistemas periciais e sistemas inteligentes híbridos. Neural Computing and Applications, 19(8), 1165-1195.

3. Königstorfer, F., & Thalmann, S. (2020). Aplicações de Inteligência Artificial em bancos comerciais - Uma agenda de pesquisa para finanças comportamentais. Journal of behavioral and experimental finance, 27, 100352.

4. Goodell, J. W., Kumar, S., Lim, W. M., & Pattnaik, D. (2021). Inteligência artificial e aprendizado de máquina em finanças: Identificando fundamentos, temas e clusters de pesquisa a partir da análise bibliométrica. Jornal de Finanças Comportamentais e Experimentais, 32, 100577.

5. Ahmed, S., Alshater, M. M., El Ammari, A., & Hammami, H. (2022). Inteligência artificial e aprendizado de máquina em finanças: A bibliometric review. Investigação em Negócios Internacionais e Finanças, 61, 101646.

6. Giudici, P., & Raffinetti, E. (2023). SAFE Inteligência Artificial em finanças. Finance Research Letters, 56, 104088.

7. Giudici, P. (2018). Gestão de risco Fintech: Um desafio de pesquisa para a inteligência artificial em finanças. Fronteiras em Inteligência Artificial, 1, 1.

8. Najem, R., Amr, M. F., Bahnasse, A., & Talea, M. (2022). Inteligência artificial para finanças digitais, eixos e técnicas. Procedia Computer Science, 203, 633-638.

9. Musleh Al-Sartawi, A. M., Hussainey, K., & Razzaque, A. (2022). O papel da inteligência artificial nas finanças sustentáveis. Journal of Sustainable Finance & Investment, 1-6.

10. Binner, J. M., Kendall, G., & Chen, S. H. (Eds.). (2004). Applications of artificial intelligence in finance and economics (Aplicações da inteligência artificial nas finanças e na economia). Emerald Group Publishing Limited.

11. Kunwar, M. (2019). Inteligência artificial nas finanças: Compreender como a automatização e a aprendizagem automática estão a transformar o sector financeiro.

12. Soldatos, J., & Kyriazis, D. (2022). Big Data e inteligência artificial nas finanças digitais: Aumentando a personalização e a confiança nas finanças digitais usando Big Data e IA (p. 363). Springer Nature.

yes
I want morebooks!

Buy your books fast and straightforward online - at one of world's fastest growing online book stores! Environmentally sound due to Print-on-Demand technologies.

Buy your books online at
www.morebooks.shop

Compre os seus livros mais rápido e diretamente na internet, em uma das livrarias on-line com o maior crescimento no mundo! Produção que protege o meio ambiente através das tecnologias de impressão sob demanda.

Compre os seus livros on-line em
www.morebooks.shop

info@omniscriptum.com
www.omniscriptum.com

Printed by Books on Demand GmbH, Norderstedt / Germany